明德海洋教育

（第二册）

中国海洋大学出版社

· 青岛 ·

致　谢

本书在编创过程中，参考使用的部分文字和图片，由于权源不详，无法与著作权人一一取得联系，未能及时支付稿酬，在此表示由衷的歉意。请相关著作权人与我社联系。

联系人：徐永成

联系电话：0086-532-82032643

E-mail：cbsbgs@ouc.edu.cn

图书在版编目（CIP）数据

明德海洋教育/宫君，蔡军萍主编．—青岛：中国海洋大学出版社，2019.5

ISBN 978-7-5670-1960-7

Ⅰ.①明…　Ⅱ.①宫…　②蔡…　Ⅲ.①海洋学—教材　Ⅳ.①P7

中国版本图书馆 CIP 数据核字（2019）第 259100 号

MÍNGDÉ HǍIYÁNG JIÀOYÙ

明 德 海 洋 教 育

出版发行	中国海洋大学出版社
社　　址	青岛市香港东路 23 号　　邮政编码　266071
网　　址	http://pub.ouc.edu.cn
出 版 人	杨立敏
责任编辑	孙玉苗
电子信箱	94260876@qq.com
印　　制	青岛海蓝印刷有限责任公司
版　　次	2020 年 12 月第 1 版
印　　次	2020 年 12 月第 1 次印刷
成品尺寸	185 mm × 260 mm
印　　张	19.25
字　　数	256 千
印　　数	1~1400
定　　价	78.00 元（全三册）
订购电话	0532-82032573（传真）

发现印装质量问题，请致电0532-88786655，由印刷厂负责调换。

《明德海洋教育》编创团队

主　编　宫　君　蔡军萍

副主编　冷　丽　王　琳

编　者　（以姓氏笔画为序）

于　沛　王庆莲　王春莲　王　俊　王　琳

王琳琳　刘人玮　李东遥　李　梦　冷　丽

张　爽　郑　文　赵金燕　宫　君　耿　洁

徐　洋　高　俊　董　竞　蔡军萍　魏　鹏

绘　画　张婕妤　赵　诺　董林姿

海洋吉祥物设计　刘知让（学生）

海洋教育顾问　刘宗寅　季　托

总策划　宫　君　王　琳　蔡军萍　刘宗寅

执行策划　刘宗寅

前　言

随着"海洋强国"国家战略的深入实施，我国中小学海洋教育蓬蓬勃勃地开展起来并取得了显著成效。实践证明，一所学校要想有效地实施海洋教育，就必须加强对海洋教育的研究，进一步明确海洋教育的目的和解决"教什么、怎么教"的问题。

著名海洋专家冯士筰院士从教育学的视角出发，认为海洋教育指的是为增进人对海洋的认识，使人掌握与海洋相关的技能进而影响人的思想品德的一切活动。青岛市教育局明确提出了"以海明德、以海启智、以海强体、以海冶性、以海践劳"的海洋教育任务，要求全市中小学认真落实。青岛市市南区教育和体育局以寻求海洋创新驱动为出发点，以全国教育科学"十三五"教育部规划课题"区域推进海商教育的实践研究"为抓手，进一步优化海洋教育远景规划，深度推进区域海洋教育实践研究。

在有关专家的指导下，我们运用系统思维方法研究海洋教育，认识到海洋教育的内涵在于通过各种各样的海洋教育活动，将"生""和""容"的海洋特征传递给每个学生，培养学生的高尚品质。

海洋孕育着生命、支持着生命，生机勃勃，生生不息，强烈地表现出"生"的特征。从海洋自身来看，地球上的海洋连成一片，其中的非生命物质与海洋生物相互影响，各生态系统形成具有一定结构和功能的统一体，处于动态平衡状态。从海洋与人类的关系来看，海洋与人类同在地球上，人类影响着海洋，海洋也制约着人类，突出地表现出"和"的特征。海洋浩瀚无垠，汇集着地球上的各方来水，容纳并消化着人类生活及生产的各种废弃物、排放物，鲜明地表现出"容"的特征。海洋与人类共存，海洋的"生""和""容"与人类的"生""和""容"息息相关。

在上述认识的基础上，结合学校的办学理念和教育优势，我们确立了凸显德育的海洋教育方向，在完成"普及海洋知识、弘扬海洋文化、增强海洋意识"海洋教育任务的过程中，从"生""和""容"三个方面引导学生提升思想品德水平。从海洋之"生"认识人类社会之"生"和个人之"生"：人类社会生生不息，历史长河滚滚向前，人类生存与发展的每一个脚步都离不开文明的滋养，因此我们要不惧困难、勇于进取，为促进人类社会的"生机勃勃、生生不息"而拼搏；从海洋之"和"认识人类社会之"和"和个人之"和"：人与自然要和谐，人与社会要和谐，人与人要和谐，人与自身要和谐，因此我们要树立"和合"理念，并将这一理念贯彻到实际行动中。从海洋之"容"认识人类社会之"容"和个人之"容"：包容是一种社会美德，宽厚是一种个人涵养，因此做人就要胸襟坦荡、宽宏大量，做到"海纳百川，有容乃大"。为此，学校统一组织，骨干教师积极参与，我们编创团队通过深入研究开发了"明德海洋教育"课程。这一工作的开展，不仅丰富了学校的课程建设、凸显了学校课程体系"立德树人"的特点，而且使老师们进一步明确了开展海洋教育的意义、内容与方法，从而为我校海洋教育的实施提供了有力保证。

"明德海洋教育"课程分三个学年实施，每一学年的课程内容都包括"海之生""海之和""海之容"三个部分。从内容线索上看，每一课皆以生动有趣的海洋故事创设情境，引导学生完成三个阶段的探究活动：首先了解海洋的有关特征，然后认识这种特征在自然界或人类社会中的普遍存在，最后从中提炼应具备的思想品质。从呈现形式上看，每一课都设置了若干活动性栏目和辅助性栏目，引导学生在活动体验中接受海洋教育，课末的"以海明德"栏目则点明了本课的主题思想。

这一课程之所以取名"明德海洋教育"，一是因为我校的校训是"明德、砺学、博艺、致远"，学校秉承的是"明德固本、质量立校、和谐发展、追求卓越"的办学理念，形成的是"明德于心"的德育品牌，"明德"已经成为学校的象征；二是为了体现海洋教育"以海明德"的特点，表明学校把提升学生的思想道德水平作为海洋教育的重要目的之一。

"明德海洋教育"课程的研发得到了青岛市市南区教育和体育局的大力支持。在研发过程中，我们参阅了大量的资料并学习了各地的经验，从中获得许多有益的启发。在此，我们一并表示衷心的感谢。由于研发凸显"以海明德"特点的海洋教育课程是一种探索，希望广大读者多多提出宝贵意见和建议，以便使这种探索不断完善，推动中小学海洋教育深入发展。

宫　君　蔡军萍　刘宗寅

2020年8月

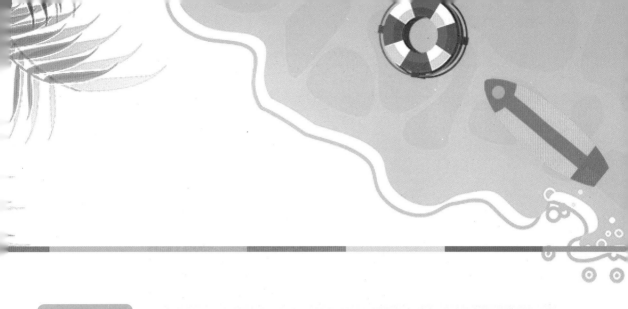

目录

海之生

探秘珊瑚礁

海风吹来浪花朵朵

南海珊瑚礁，大海中的奇幻世界

美丽的珊瑚

　　如果你有机会到南海旅游，风平浪静时乘着小船在海面上缓缓前行，就会看到海水中那密密麻麻的"鹿角"，有的几乎要探出水面，似乎触手可及；还有时隐时现的"鲜花"，橙、黄、绿、红等，争奇斗艳，美不胜收。五彩缤纷的鱼儿在其间穿梭，自由自在。

这些"鹿角""鲜花"等其实是一些珊瑚。珊瑚大多分布在热带、亚热带海域，形成了美丽的珊瑚礁。那里是众多海洋生物的家园。

珊瑚礁是怎么形成的？鱼儿、虾儿为什么愿意生活在珊瑚礁周围？

除了美丽、可供观赏外，珊瑚礁还有什么意义？

一、走进"珊瑚王国"

全球不到大洋面积0.2%的珊瑚礁海域，生活着约1/4的海洋物种。珊瑚礁生态系统成为已知海洋栖息地中物种最丰富的生态系统。

观看"美丽的珊瑚礁"视频，讲述视频中的故事。

信 息 卡 →→ **生机勃勃的珊瑚礁"家园"**

珊瑚礁为众多海洋生物提供了充足的食物。珊瑚礁构造中有众多孔洞和裂隙，为习性相异的生物提供了各种生境，为之创造了栖居、藏身、繁殖和索饵的有利条件。那里形成一个生机勃

勃的珊瑚礁"家园"。珊瑚礁"家园"中有大大小小的藻类、摇曳生姿的海葵、五光十色的贝类、身披盔甲的虾蟹、慵懒的海参、长刺的海胆、自在游弋的鱼类……单细胞的硅藻、甲藻等浮游藻类是珊瑚礁"家园"中的主要初级生产者。它们通过光合作用将光能转换为化学能，将无机物转变成有机物，释放出氧气。浮游动物摄食浮游藻类，是海洋生态系统中的主要初级消费者。浮游藻类生产的产物基本上要通过浮游动物这个环节才能被其他动物间接利用。丰富的浮游生物，供养了大量的贝类、虾蟹类和鱼类；而这些贝类、虾蟹类和鱼类，又养活了更大型的肉食性生物，比如鲨鱼。这些生物环环相扣，形成了链状摄食关系，即食物链。多条食物链纵横交错，形成复杂的网状营养结构，即食物网。珊瑚礁"家园"中的生物因此互相影响，密不可分。

生机盎然的珊瑚礁"家园"

人们从来没有像现在这样关注珊瑚礁，这是因为它具有十分重要的价值。

 搜索厅

查阅资料，了解研究珊瑚礁的重要意义。

广角镜 →→ 旅游胜地——大堡礁

大堡礁一角

大堡礁位于澳大利亚东北部昆士兰省对岸，延绵2 000多千米，最宽处161千米，面积超过了4万平方千米，是世界最大的珊瑚礁区。澳大利亚大堡礁作为世界上物种最丰富的珊瑚礁区之一，由三四百种硬珊瑚组成，支持着近5 000种软体动物、2 000多种鱼类和200多种鸟类的生存繁衍，更多的微型和小型的生物物种尚未被报道。

三沙市永兴岛

永兴岛

永兴岛属于我国西沙群岛，是三沙市的政治、经济、文化中心。这是一座由白色珊瑚、贝壳沙堆积在礁平台上而形成的珊瑚岛。

永兴岛是南海诸岛中陆地面积最大的岛屿。南海诸岛自古就是我国的领土，是我国远洋渔业和海事活动的重要基地。

马来西亚的"珊瑚礁"渔业

在马来西亚，有20%的渔业资源都来自珊瑚礁丛，如海参、龙虾等。保护了珊瑚礁，就同时保障了当地渔业的发展、渔民的工作及食物的稳定供应。

另外，现在发现许多珊瑚礁生物是新药物活性物质的重要来源，既能用于治病救人，又具有很高的经济价值。

富饶的珊瑚礁海域

资料库 →→ **珊瑚礁的类型**

根据珊瑚礁礁体与海岸的关系，可以分为岸礁、堡礁和环礁。

岸礁示意图

岸礁沿大陆或岛屿边缘生长，也称裙礁或边缘礁。岸礁礁体表面与低潮位高度相近，粗糙，不平坦，外缘向海倾斜。由于外缘珊瑚生长无局限，最早露出水面，因此珊瑚平台和陆地之间注注出现一条浅水通道或潟湖。我国海南岛沿岸的珊瑚礁多属于岸礁。

堡礁又称堤礁，是离岸有一定距离的堤状礁体，外缘和内侧水体均较深。堡礁和陆地之间通常也会隔以潟湖。全球最著名的堡礁就是澳大利亚的昆士兰大堡礁。

环礁是环形或者马蹄形的珊瑚礁，外围礁体呈带状包围着中间的潟湖，有的潟湖与外海有水道相通。马绍尔群岛的夸贾林环礁和马尔代夫群岛的苏瓦迪瓦环礁是世界上最大的两个环礁。

二、探秘珊瑚礁的形成

说起珊瑚礁的形成，那珊瑚虫真是功不可没。

阅读《造礁珊瑚虫自述》，并查阅其他资料，了解珊瑚虫是一种什么样的海洋动物，体会它们"团结一心""锲而不舍"的精神。

造礁珊瑚虫自述

我是小小的造礁珊瑚虫。我们的家族很大，成员有成百上千种呢。我们大多生活在浅海，水深在50米以内，适宜温度为23℃～29℃。我们的身体是圆筒状的，充其量不过一粒大米那样大。我们从海水中吸

珊瑚虫

收钙质，制造碳酸钙外骨骼，就像为自己建了一座杯状小房子。我们有花枝一般的触手，触手中央是我们的"嘴"。黄昏来临，我们从"小房子"中探出，张开触手，像一朵怒放的花朵，猎取细小的浮游生物甚至到"嘴"的小鱼。食物从我们的"嘴"中进入，消化后的残渣也从我们的"嘴"中吐出。我们群居在一起，众志成城，建设着一座座"摩天大楼"——珊瑚礁。这样艰巨的工程，我们需要"合作伙伴"的帮助。我们邀请虫黄藻入住我们的细胞，与我们共同生活。这些藻类可以为我们提供营养和能量。另外，石灰质藻

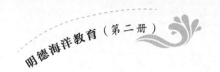

类、有孔虫、贝类等也是我们建造"摩天大楼"的帮手。我们死后的遗骨组成了"摩天大楼"的一部分。我们就是这样，新的一代在上一代的遗骨上继续努力，前仆后继，不懈地奋斗。

珊瑚虫提供了建造珊瑚礁的基本原材料——碳酸钙，那珊瑚礁是怎样建造起来的呢？

请你想象一下，不少珊瑚虫不过米粒大小，它们"建造"珊瑚礁是一个怎样的过程？

从珊瑚礁的形成过程中你受到些什么启发？

信 息 卡 →→

珊瑚白化

造礁珊瑚的胃层细胞中共生有虫黄藻。虫黄藻是一类黄褐色球形的微型单细胞藻类，可以进行光合作用，生产有机物。造礁珊瑚90%左右的能量都来自虫黄藻的"劳作"。虫黄藻代谢产生的碳酸根，可与

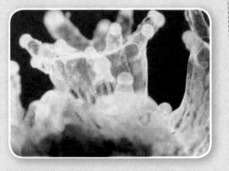

珊瑚中的褐色小点就是虫黄藻

钙离子结合，生成碳酸钙，分泌到造礁珊瑚虫体外，帮助珊瑚虫形成碳酸钙骨骼。造礁珊瑚为虫黄藻提供"住所"和自己代谢产生的二氧化碳、磷酸盐和硝酸盐等"生产原料"。

当环境发生较大变化，如富营养化、海水温度上升、盐度发生变化等，虫黄藻会逐渐被造礁珊瑚驱逐离开，造礁珊瑚会逐渐变白直至死亡。这一过程被称为珊瑚的"白化"或是"脱藻"。

珊瑚虫，子生孙，孙又生子，子子孙孙不断积累使珊瑚不断增大。珊瑚之间不断聚合增高、加宽，无数小珊瑚体就逐变成巨大的珊瑚礁。有些珊瑚礁高出水面，但遭受海浪的剧烈冲击，部分断裂，形成的残体会陷落并填进其下的缝隙之中。珊瑚虫以顽强的毅力在"废墟"上继续生长。珊瑚礁渐成巨大的浅滩，浅滩高出水面时就形成了珊瑚岛。

 **制作间**

请拿起手中的画笔，画一画美丽的珊瑚礁和壮观的珊瑚岛吧。

三、为"众志成城"与"锲而不舍"的精神点赞

在海洋中，珊瑚虫"众志成城""锲而不舍"地建造珊瑚礁、珊瑚岛，令人深受启发和鼓舞。在人类社会，人们为奔向美好的明天，同样需要发扬这种"众志成城"与"锲而不舍"的精神。

活动室

古今中外，你都知道哪些体现出"众志成城""锲而不舍"的精神的故事？给大家讲一讲吧。

可以查阅资料，了解更多的此类故事。

分享吧

平时生活和学习中，你和同学遇到了困难，你们是如何齐心协力共渡难关的？

学习中国女排精神

观看2019年国际排球联赛中中国队和意大利队比赛的视频，了解中国队是如何在0比2落后的情况下反败为胜的，学习"女排精神"。

中国女排

写一下观后感，大家互相交流一下。

以 海 明 德

"海之韧，刚柔济，做人做事有韧性。"自然界中，珊瑚虫"众志成城""锲而不舍""前仆后继"地使珊瑚礁不断壮大。我们要向它们学习，齐心合力，坚持不懈，共同建设美丽的世界。我们要认真对待日常生活、学习中的每一项任务，团结一心，一步一个脚印，坚持到底。

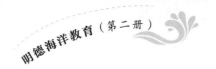

小贝壳，大世界

青岛有个贝壳博物馆

"小小的贝壳不仅拥有雅典娜女神的魅力，还有阿基米德的魔力。古希腊和古中国的贝币不仅可以贸易流通，还是古代文化交流的重要媒介。贝壳文化简直就像一部爱琴海-色雷斯文明圈的百科全书。"这是希腊比雷埃夫斯市市长雅尼斯·莫拉里斯在青岛贝壳博物馆参观时发出的感慨。

青岛贝壳博物馆坐落于青岛西海岸新区（凤凰岛）国际旅游度假区唐岛湾畔，占地面积2 600平方米，藏有12 000余种贝壳标本、5 000余枚贝壳化石、800余件贝壳艺术品。馆藏最大的贝壳1.3米高，最小的贝壳1.2毫米长，最古老的贝壳已有4.5亿年的历史……丰富精美的展品、趣味横生的讲解，让前来参观的人大开眼界、赞不绝口。

青岛贝壳博物馆内景

你知道贝类有哪些吗？哪种贝壳给你留下了深刻的印象？

你知道贝类和我们的生活有着怎样千丝万缕的关系吗？

一、贝壳

 观察台

仔细观察课前收集到的贝壳，看看这些贝壳都有什么特点。你最感兴趣的地方是什么？和大家交流一下。

资 料 库 →→   软体动物

软体动物，又称贝类，分为无板类、单板类、多板类、腹足类、掘足类、双壳类和头足类共7类。

软体动物的栖息范围很广，上自数千米的高山，下达1万余米的深海均有其踪迹。腹足类在陆地上、淡水里和海洋中均有分布，双壳类只栖息于海洋和淡水中，其他软体动物则完全栖息于海洋。

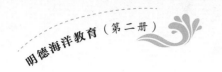

　　软体动物的身体一般可分为头部、足部、外套膜和包藏内部器官的内脏囊4部分。头部位于身体前端，具有口、眼、触角和其他感觉器官，但掘足类头部不发达，双壳类头部严重退化。足部常位于身体腹侧，为运动器官。随个体生活方式的不同和对外界环境的适应，足呈现多种多样的形式。某些营固着生活的种类在成体时足退化，如牡蛎。外套膜为皮肤特化形成，能够分泌钙质和有机质，形成贝壳。

　　贝壳是软体动物的保护器官，其形状随软体动物类别而不同。例如，石鳖类的几乎被覆身体的全背面；双壳类的则是于身体两侧；乌贼的壳被外套膜包裹，形成内骨骼。

　　软体动物经济价值极大，绝大多数可食用，如我们常见的鲍、红螺、玉螺、蚶、贻贝、牡蛎、扇贝、文蛤、乌贼和鱿鱼等。很多小型软体动物可以作为家禽、家畜的饲料，也是海洋鱼类的天然饵料。贝壳可以作为工业中烧制石灰的原料，乌贼和鲍的壳等在医药上用途较广。另外，美丽的贝壳有极大的装饰和赏玩价值。

〔摘自《中国常见海洋生物原色图典·软体动物》（曲学存主编，中国海洋大学出版社2020年出版）〕

生长在海边礁石上的牡蛎

海水养殖的扇贝

广角镜 →→ 常见食用海贝的壳

大多数常见食用海贝不仅肉嫩味鲜、营养丰富，而且还有着独具特色的外壳。

香螺，壳大而厚，较坚硬，螺纹有6层；壳为肉色，表面有土棕色、绒布状感觉的壳皮；壳口很大，内部为杏红色，有珍珠光泽。

扇贝，有两片壳；壳呈扇形，光滑或有条状浅沟，颜色为鲜红色、紫色、橙色、黄色到白色。

牡蛎，有两片贝壳；壳的表面凹凸不平，壳形不规则，大小、厚薄因品种而不同；下壳较大而呈现凹形，附着在岩石或石板上；上壳较小而平。

蛏子，有等大的两片壳；壳脆而薄，呈长扁型，表面常有一层浅绿色的壳皮，自壳顶至边缘有一道斜行的凹沟。

贻贝（海虹），有等大的两片壳，壳薄，呈楔形，前端尖细，后端宽广而圆；长6～8厘米；壳表面为紫黑色，具有光泽，生长纹细密而明显。

文蛤，有等大的两片壳；壳略呈三角形，坚厚，内面为瓷白色。

你吃过哪些贝类？

你也可以上网搜索，了解更多的食用贝类。

我国海域辽阔，贝类资源十分丰富。随着贝类养殖业的迅猛发展，近几年年产量已达千万吨。贝类除了软体部分食用外，其壳也是一种有利用价值的资源。

上网搜索，了解贝壳的应用。

信息卡 →→ 　　贝壳的综合利用

　　工艺品制作：形状独特、外观美丽的贝壳制成的精美工艺品颇受人们的欢迎。

　　用于医药领域：例如，牡蛎壳经处理可以作为药物载体、制备骨替代仿生材料，还可用于制备活性离子钙。很多贝类的壳是大名鼎鼎的中药，如石决明（鲍壳；古籍中认为其可治疗"目障翳痛"）、瓦楞子（蚶壳；古籍中认为可以"消血块，散痰积"）；海螵蛸（乌贼壳；古籍中认为可以"止崩漏，赤白带下，除目翳，止泪，疗金疮止血"）。

　　用作化工原料，用于制造石灰、水泥等。

广角镜 →→ 　　贝币

　　贝壳做的货币——贝币是我国使用时间最早、延续时间最长的一种实物货币。

　　贝壳成为货币，是因为它有以下几个特点：一是本身实用（如可作为装饰品），二是小巧玲珑，便于携带和计数，三是坚固耐用。古代人使用贝币，多用绳索将它们串起来：

贝壳货币

五枚成一串，两串为一"朋"（贝币的计量单位）。在汉语中，与价值、钱财有关的字多带有"贝"字的偏旁，如财、贵、贫、贱、货、账、购、贷等。

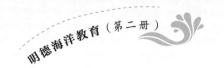

二、贝雕艺术

贝壳是大自然鬼斧神工之作，贝雕就是选用贝壳，巧用其天然色泽、纹理、形状，经剪取、车磨、抛光、堆砌、粘贴等工序精心雕琢成平贴、半浮雕、镶嵌、立体等多种形式和规格的工艺品。

观察下面的贝雕作品，体会贝雕作品的特点，并和同学们交流。

让我们发挥创造力，亲手制作生动、有趣的贝壳作品吧。

使用材料、工具

各种各样的贝壳、底板、彩笔、水粉颜料、胶水、胶棒等。

制作过程

第一步：收集不同样式的贝壳，进行挑拣、清洗、晾晒、分类后在贝壳上涂上需要的颜色。

第二步：在底板上用彩笔勾画基本图案，进行水粉上色后晾干。摆放已经上过颜色的贝壳。

第三步：用胶水将贝壳粘连在底板上，进行按压、修整、晾晒。对晾晒后的成品进行修色、整理，完成创作。

同伴的作品

贝雕是以贝壳为原料制作的民间工艺品，有着悠久的历史。上网搜索，了解我国贝雕艺术的发展史并与同学们交流。

信息卡 →→ 中国贝雕艺术源远流长

　　早在史前时期，我们的祖先就开始利用贝壳作为装饰品。商代，贝壳被用作货币。春秋战国时期，贝壳被普遍当作重要的装饰品。秦汉时期，冶炼技术的提高为贝壳的雕琢加工开辟了新的途径。艺人将较平整的贝壳磨成薄片，雕出简单的图样，镶嵌在桌椅、镜子等器物上作为装饰，俗称"螺钿"。唐代，螺钿镶嵌技术成熟，利用贝壳装饰器物的现象十分普遍。宋元明清时期，螺钿镶嵌和贝贴工艺使用广泛，贝壳饰品的精美程度大大提高。1949年以后，贝雕艺术进入新的发展阶段。贝雕艺人在继承传统

工艺的基础上，吸收牙雕、玉雕、木雕和国画等众家之长，结合螺钿镶嵌工艺特点，研制成功了浮雕形式的贝雕画和多种实用工艺品，掀开了贝雕工艺史崭新的一页。贝雕产品大量出口创汇，畅销国内外市场。国家非常重视贝雕艺术的发展，北海贝雕技艺还被列入广西壮族自治区非物质文化遗产名录。

精美的贝壳工艺品

三、学做美丽"贝壳"，点缀祖国画卷

小小的贝壳，成就了精美的贝雕画；年少的我们，将来要为祖国壮丽画卷上添加一笔笔鲜艳的色彩。我们应当像小贝壳那样，放到哪里都能绽放绚丽的光彩。

通过欣赏和制作贝壳工艺品，你体会到小小贝壳的哪些特点和功能？它们的这些特点和功能对我们有哪些启示呢？分小组讨论，互相交流。

走近贝雕工艺品

在老师的带领下，全班一起参观贝雕工艺品厂或贝雕工艺品展览，了解贝雕工艺品的制作过程，感受贝雕艺术的魅力。

信息卡 →→ **青岛贝雕画**

青岛贝雕画是20世纪50年代发展起来的。在1972年和1978年两次全国工艺美术展览期间，青岛贝雕的精湛工艺引起人们的重视。青岛贝雕创作注重因材施艺，充分利用贝壳的天然色泽、形状，讲究整体的统一，近年又在采用新工艺等方面取得了可喜的成就。

奥帆赛贝雕纪念品

以海明德

小小的贝壳，是大自然"打造"的精美"艺术品"，为人类奉献着美丽。年少的我们，是祖国大花园里含苞待放的花蕾，为当好国家的建设者在努力学习。贝壳和"花蕾"都拥有广阔的世界展现自己。让我们一起努力吧，为了更加美好的明天！

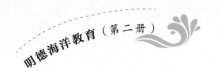

海龟，从远古走来

海龟超强记忆力之谜

生活在南大西洋的雌绿海龟在阿森松岛上产卵。孵出的小海龟立即下水，横渡2 000多千米的大西洋，前往巴西附近海域，在那里觅食生长。长大后，它们会千里迢迢，准确无误地回到阿森松岛繁殖产卵。这引起了科学家的好奇。于是，他们在一些海龟身上做上标记进行观察。结果在30年的观察中，没有任何一只带标记的海龟游到别处去繁殖的，个个都回到了自己的"故乡"。海龟是如何准确无误地找到"故乡"的呢？科学家迷惑不解。

茫茫大海里，人要是没有指南针或雷达等导航设备的帮助，会迷失方向，而海龟不会，说明它们一定有"导航仪"。

这"导航仪"是什么呢？

有的科学家认为是一个"生物

罗盘"；有的科学家认为是一张"磁场地图"；有的科学家认为是"海浪"；有的科学家认为是一种"电子鼻"。

科学家为证实自己的观点，进行了实验，但没有得出令人完全信服的结论。

有的科学家猜测：海龟的导航系统并不是单一的，而是一种"多媒体"体系。那么，这种"多媒体"体系又是如何工作的呢？目前仍没有答案。不过，科学家将卫星跟踪器安装在两只棱皮龟的身上，跟踪并收集海龟生活中的各种信息，以解开海龟的"导航仪"之谜。

准备产卵的海龟

棱皮龟和它产下的卵

海龟是一类什么样的海洋动物？它们具有什么特点？

研究海龟有什么特殊意义吗？

一、海龟，坚韧又顽强

说起龟，你可能并不陌生，但你见过海龟吗？

活动室

观察下面的图片，总结一下你对海龟的认识，并在小组中交流分享。

海龟在游泳

海龟在捕食

海龟产卵

海龟孵化

小海龟爬向大海

信息卡 →→ 　　海龟

海洋里生存着7种海龟：棱皮龟、蠵龟、玳瑁、太平洋丽龟、绿蠵龟、肯普氏丽龟和平背龟。

海龟是现今海洋世界中最大的爬行动物。海龟中最大的要算是棱皮龟了。最大的棱皮龟全长可达2.6米，体重近1 000千克，堪称海龟之王。

棱皮龟

与陆龟不同的是，海龟不能将它们的头部和四肢缩回壳里。它们的四肢变成鳍状，利于游泳。那像翅膀一样的前肢主要用来推动海龟向前；而后肢就像舵，在游动时掌控方向。

海龟有着顽强的生命力，寿命很长。据记载，海龟寿命最长可达152年，是动物中当之无愧的"老寿星"。

阅览室

阅读下面这篇《小海龟成长记》，写篇读后感，并和同学们说说自己从中受到的启发。

小海龟成长记

雌海龟在筑巢产卵

每年繁殖季节，夜幕降临，雌海龟选择较平坦、坡度较缓、沙粒大小适中的海岸登陆。它拖着身体爬向沙滩顶部，用后肢挖一个坑，在里面产卵。每个卵都如乒乓球大小。产完卵后，它在卵上覆盖上沙子，才爬回大海。龟卵在温度为20.5℃～32.5℃的潮湿沙滩里孵化。经过45～70天，小海龟挣扎出壳，扒开重重沙子，奋力奔向大海。

小海龟需要顽强拼搏才能长到成年。就拿奔向海洋这件事来说，就是小海龟和死神的一场竞赛。它们会遭遇鸟类、螃蟹、蜥蜴等天敌猛烈的袭击。在海中虽然比在陆地上安全得多，但是那

海蟹在阻挡小海龟下海

里依然危险重重。海洋中头足类、鲨鱼等鱼类以及海面上的海鸟都会捕食小海龟。因此，生存对于小海龟来说十分艰难。据说，大约每1 000只小海龟中只有1只能够活到成年。即使这样，海龟仍然在坚韧而顽强地续写着生命的乐章。

二、龟文化，源远流长

海龟是古老的海洋动物，其祖先远在1亿多年以前就出现了，和不可一世的恐龙共同生活在地球上。后来地球几经沧桑巨变，恐龙相继灭绝，而海龟战胜了大自然带来的无数次厄运，顽强地生存了下来。除了极地的海域，各个大洋里都有它们的身影。

阅读下面的材料，发挥想象力，给古巨龟画像。

古巨龟

古巨龟，史上最巨大的海龟，现已灭绝。

古巨龟化石

第一个古巨龟化石于1895年被发现。最大的古巨龟化石于20世纪70年代在美国南达科他州的皮耳页岩中被发现。根据化石估计，这只海龟长4米多，左右鳍肢之间距离约为5米，体重超过2吨。

古巨龟躯体背面观呈椭圆形，靠肋骨支撑，被有革质"盔甲"。它体后有一根细而短的小尾巴。头前部有1对鼻孔和很像鹦鹉喙的嘴巴，后部两侧有1对大眼睛。它的四肢呈鳍状。

海龟是长时间生活在海洋中的爬行动物。龟是现存的最古老的爬行动物，也是爬行动物"王国"中的长寿"家族"。我们的祖先对龟十分崇拜，并由此形成了丰富的龟文化。

搜索厅

网上搜索，了解我们的祖先对龟的崇拜，与同学们交流对龟崇拜的看法。

资料库 → 我国龟文化源远流长

龟与中国的文化有着十分密切的关系。在古代，龟被看作有着吉祥如意、刚正不阿寓意的动物。人们将龟与龙、凤、麟合称"四灵"。在所谓的"四灵"之中，龙、凤、麟都是非现实存在的神话动物，而龟是其中唯一现实存在的爬行动物。

早在新石器时代，古人就将龟视为护身之宝。殷商时期刻于龟板上的甲骨文成为历史学家研究历史的重要依据。周代的朝廷中有一种被称为"龟人"的官。龟人"掌天龟之属，各有各物"，进行占卜。战国时候，大将的旗帜以龟为饰，有"前列先知"的意思。汉武帝时代，钱币上铸有龟的图案。唐代的重要官员都佩带"龟袋"。我国古代也有许多咏龟的诗词，如晋朝孙惠的《龟赋》等。

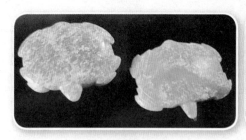

牛河梁红山文化遗址出土
的玉龟及玉龟壳

汉代龟形青铜水滴

 **分享吧**

我们应学习海龟的哪些精神和品质？龟文化给了我们什么启示？分小组交流。

二、保护海龟，任重而道远

海龟具有极高的生态、科研和文化价值。但是据统计，全球7种海龟的种群数量和生境面积急剧下降，它们正面临前所未有的生存危机。

 **分享吧**

哪些因素使得海龟陷入了生存危机？大家开动脑筋想一想，分小组交流看法。

> 可从海龟的生活习性、生存环境、天敌及人类与海龟的关系等各个方面考虑。

信息卡 →→ **人类活动对海龟生存的威胁**

人类为获取经济利益所进行的过度捕捞活动导致海龟数量减少。

海洋垃圾中的塑料袋被海龟误当水母而吞食，堵塞其消化道；废旧渔网缠绕海龟身体，导致海龟死亡。

海滩被开发成旅游胜地，海龟筑巢的场所大大减少。

人类的活动、噪音及垃圾挡住海龟来往沙滩和大海的通路。

海滩上的人造灯光影响了雌海龟夜间产卵的习性，也会使刚刚孵化出来、需要回到海里的小海龟迷失方向。

网络查询，了解世界海龟日和中国海龟保护联盟的活动情况。

信息卡 →→　　　　**我国保护海龟的重大举措**

　　我国一直以来都在呼吁加大水生野生动物保护及执法力度。1988年，在我国海域有分布的玳瑁、棱皮龟、绿蠵龟、太平洋丽龟和蠵龟被列为国家二级保护野生动物，受《中华人民共和国野生动物保护法》的保护。所有对于海龟的抓捕、购买、出售、运输、持有和使用行为都是违法行为。我国还建立了一些海龟栖息地自然保护区来保护海龟的筑巢地。

　　我国农业农村部于2018年发布了《海龟保护行动计划（2019—2033年）》，确定了我国海龟保护的重点工作和重点行动。2019年世界海龟日之际，中国海龟保护联盟成立了海龟保护国际专家咨询委员会，进一步加强对海龟栖息地的保护、渔政执法监管和科学研究，积极开展海龟增殖放流，并加强对海龟保护管理的宣传，营造全社会关爱海龟、保护海洋环境的良好氛围。

发出"保护海龟，从我做起"倡议

观看关于保护海龟的宣传片，进一步理解保护海龟的重要意义。写一份"保护海龟，从我做起"的倡议书，在学校及周围社区发放。

以海明德

海洋的生生不息和发展变化，造就了海龟的顽强和旺盛的生命力；而龟文化的传扬，反映了人们对幸福生活的向往，对坚韧不拔的精神的追求。我们应像海龟那样，不怕困难，勇往直前，做美好社会的建设者和人类文明的推动者。

海之和

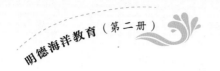

奇妙的"合作共赢"

海风吹来浪花朵朵

小丑鱼与海葵"同盟"

你知道小丑鱼吗？小丑鱼可是个大家族，有近30个成员呢！可是，你知道它们为什么被叫作小丑鱼吗？因为它们的脸上、身上长有白色条纹，就像京剧中的丑角。

小丑鱼到底生活在哪里呢？它们通常生活在珊瑚礁海域，居住在一簇簇海葵中。海葵触手有毒，一般生物不敢靠近。但是小丑鱼体表有厚厚的黏液。那是它们的"保护服"，让它们得以毫发无伤地在海葵触手间穿梭嬉戏。就这样，小丑鱼和海葵成了互惠互利、配合默契的朋友。海葵给小丑鱼提供庇护的居所，并且将食物残渣分享给小丑鱼吃。而小丑鱼则是保护海葵的勇士，驱逐觊觎海葵的蝴蝶鱼等生物。小丑鱼还扮演着医生和清洁工的角色，清理着海葵坏死的组织和寄生虫。

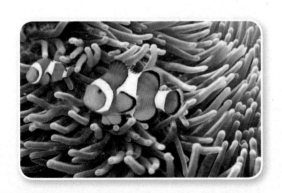

海洋里这样的"同盟"多吗？

这种"同盟"对我们有什么启示？

一、海洋里的"合作共赢"

海洋中，像小丑鱼与海葵这样的"同盟"还有很多。人们把生物之间互相帮助、互惠互利、生活在一起、互相依存的现象称为"互利共生"。这是生物间"合作"的一种形式。

海洋中还有哪些"合作共赢"的"同盟"呢？我们一起上网搜索一下吧！

资 料 库 →→ **虾虎鱼和鼓虾**

某些虾虎鱼与鼓虾一起居住在同一洞穴里。鼓虾身披"铠甲"，有一只强有力的大"钳子"。大"钳子"擅长挖掘，且夹击时可以发出震耳欲聋的响声，足以震慑甚至吓晕敌人。然而，鼓

虾虎鱼和鼓虾

虾视力极差；虾虎鱼呢，视力极佳，但是体格柔弱，不擅长挖洞，也没良好的防身手段。它们，生活在一起，分工明确：鼓虾负责挖掘和清理洞穴，虾虎鱼负责警戒。它们生活得十分融洽。

拳击蟹和海葵

拳击蟹和海葵

拳击蟹让海葵固定在自己的"拳头"上，好像戴上了"拳击手套"。海葵则是拳击蟹的"卫士"。遇到敌人，拳击蟹会挥舞拳头发动攻击，拳头上那带毒的海葵会让对手尝到苦头。在拳击蟹移动的过程中，行动不便的海葵也从中获得了更多的觅食机会。

鳃棘鲈和章鱼

有些种类的鳃棘鲈会和章鱼合作捕猎。鳃棘鲈是凶猛的捕食者，但体型较大，对于藏身在珊瑚礁狭小缝隙中的猎物无能为力。这时，鳃棘鲈会发信号给它的"兄弟"——章鱼，告知猎物的藏身之处。章鱼柔弱无骨，可以钻进任何比它的角质喙大的孔隙，抵达鳃棘鲈所不能抵达的角落。鳃棘鲈和章鱼的合作，增加了两者获得食物的机会。

蠕线鳃棘鲈

章鱼

海洋是一个"和"的世界，看似毫无关系的不同种类的海洋生物可以互帮互助，提高了彼此的生存概率。

二、陆地生物的"合作共赢"

阅览室

阅读下面的资料，感受陆地生物的"合作共赢"。

陆地生物的合作共赢

动物之间可以"合作共赢"。例如，白蚁和鞭毛虫就是典型的"互利共生"的好伙伴。白蚁靠吃木材为生，本身却没有消化纤维素的能力。位于白蚁肠道内的鞭毛虫能分泌纤维素酶，可以将纤维素分解，供白蚁吸收；而白蚁为

白蚁

鞭毛虫提供栖息场所。同时，鞭毛虫也可以从白蚁肠道获取营养物质。用适当的高温杀死白蚁肠道内的多鞭毛虫后，白蚁会继续取食木材但还是会死于饥饿，多鞭毛虫离开白蚁肠道也会很快死亡。

地衣

植物和真菌可以"合作共赢"。例如，地衣就是单细胞藻类和真菌的共生体。真菌的菌丝已经深深地长入藻类细胞的原生质体中，二者合二为一。在地衣中，藻类进行光合作用，制造有机物，为整个生物体提供营养物质。

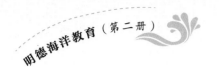 聪明屋

人体里也有这种"合作共赢"。你能举出例子吗？

可以网上搜索，也可以查阅有关资料。

信息卡 →→ 人和消化道细菌

"好"细菌 "坏"细菌

　　人的消化道里有无数的细菌。这些细菌有不同的功能，但其首要的功能是分解食物。许多食物未经消化就进入肠内。细菌将其分解，利于人体吸收。这样，人从食物中获得了更多的养分，细菌也得以维持自身的生存。

"和则两利"，不仅海洋生物之间是这样，整个自然界中也是这样。

三、我们身边的"合作共赢"

我们人类大家庭更应以和为贵，互利合作，共同发展。

 交流吧

大自然中的"合作共赢"对我们有哪些启示？

以小组为单位，交流讨论由海洋里和陆地上的"合作共赢"都想到了什么。各小组选派一名代表在全班发言。

交流、讨论时，要联系自己的学习、生活谈体会并举例说明。

人间充满爱，人与人之间的相互帮助也是一种"合作共赢"。

在一个班级或小组中，同学们各有所长。大家相互学习、相互帮助、相互影响，能使每个人都得到进步，都得以提高自己的素养和能力，茁壮地成长。

其实，很多事情的成功都是在发挥众人所长、集思广益的过程中实现的。

活动1　互助前行

两个同学一组，一位同学用眼罩蒙上双眼，在另一位同学的言语指挥下，由起点手持乒乓球通过设定的障碍物，将乒乓球投入指定位置。最先完成的一组胜利。

注意，参赛者不能随意摘下眼罩，碰倒障碍物须返回起点重新开始。

活动2　投接球

以小组为单位，每队每次出2名选手，一人拿筐，一人投球。投球者投

球，拿筐者努力接住球。在规定的时间里接球多的一组获胜。

议一议：通过活动你受到了哪些启发？

海洋中有这么多"合作共赢"的现象。你有没有和他人合作互助的故事呢？有的话，快写下来吧！

宣传"互惠互利，融合发展"

以海洋中、大自然中和社会生活中的"合作共赢"的事例为主要内容，和爸爸、妈妈或爷爷、奶奶、姥姥、姥爷一起制作一份手抄报，宣传"互惠互利，共同发展"。将做好的手抄报带到学校，在班里举行一次手抄报展览，大家一起观摩、品评，互相学习。

以 海 明 德

"和"是一种现象，是一种境界。"和"存在于海洋里，存在于陆地上，存在于人世间。我们自小就要学会"合作共赢"，继承中华民族"和"的美德，好好学习，提高自己，充分发挥自己的特长，善于与周围的人形成"互利共同体"，为积极响应党和国家关于构建"人类命运共同体"的倡导、促进和谐社会的建设贡献自己的力量。

航海之梦

中国帆船航海第一人

如今，环球航行对一个船队来说可能并不是一件难事了，可是对一个人来说还是困难重重的。但中国就有这样一位孤身完成环球航行的勇士，他就是郭川。

郭川是青岛人。他虽然生长在黄海之滨，但直到30多岁才有机会真正接触帆船。基础差加上体能跟不上，郭川在帆船训练中遭遇了种种困难，但他都挺了过来，并开始参加帆船极限赛事。2012年11月至2013年4月，他孤

郭川在比赛途中

身一人驾驶着"青岛"号帆船，成功挑战了40英尺级帆船单人不间断环

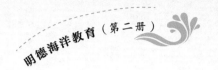

球航行。航行途中郭川不能停顿，不能靠岸，不能接受补给。茫茫大海之上，所有的险境，他只能一人面对。海路凶险，稍有疏忽，就可能船毁人亡，所以郭川只好保持警惕，每天睡眠时间不超过3小时。郭川一路上乘风破浪，历经138天的颠簸，终于完成航行，回到了青岛奥帆基地码头。这一刻，这个山东大汉再也抑制不住内心的激动，一个猛子扎进了海中，游上岸，亲吻着故乡的土地，长跪不起。热泪不断地从脸颊上流下……他赢了！

郭川是一名职业竞技帆船赛手，是"第一位"完成沃尔沃环球帆船赛的亚洲人、"第一位"参加克利伯环球帆船赛的中国人、"第一位"单人帆船跨越英吉利海峡的中国人、"第一位"参加6.5米极限帆

中国帆船航海第一人——郭川

船赛事的中国人、"第一位"参加跨大西洋mini transat极限帆船赛事的中国人、"第一位"单人不间断环球航行过合恩角的中国人，创造了国际帆联认可的40英尺级帆船单人不间断环球航行世界纪录。

航海有什么重大意义？

著名的航海家都有哪些？我们应当学习他们的哪些品质？

一、航海是探索和发现之旅

海洋生生不息、奥秘无穷，人们对海洋十分敬畏，也充满了好奇。于是，一次次的海上探索和发现之旅开始了……

 阅读室

阅读下面的资料，从中你认识到航海是一种什么样的活动、它具有怎样的意义？

中国航海历史悠久

上古时期：距今7 000年前，我们的祖先已能用火与石斧造船。

出土的古代木板船

夏商周时期：木板船的出现是造船史上一次划时代的飞跃。

春秋战国时期：江南的沿海及江河航道中船只很多，航运成为国家的政治、经济命脉。当时出现的"楼船"是古代中国海军装备的一种大型战船。燕齐航海者开辟了2条中日航线。

古代楼船

秦代：徐福受秦始皇委派，率领数千人出海东渡求取仙药，影响很大。

西汉：汉武帝积极发展航海事业，组建了一支强大的水师，亲自巡海航行。

三国时期：魏国开辟第3条中日航线。

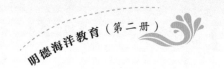

东晋：许多佛教徒乘坐商船来往中国和印度，航海促进了佛教在中国的传播。

隋：造船业十分发达，甚至建造了特大型龙舟。

唐：唐代从广州出发到波斯湾、东非、欧洲的海上航线是当时世界上最长的远洋航线。唐代高僧鉴真6次东渡日本，促进了中日航海交往。

宋：北宋著名的航海家徐兢率船队前往当时的高丽国。归国后徐兢撰写的具体描述宋代先进的航海工具、航海技术以及航海路线和航海考察活动的著作《宣和奉使高丽图经》，成为12世纪中国航海的百科全书，也是中外航海史籍中的佳作。

元：航海家汪大渊于1330～1390年两次远航，行踪遍及南海、印度洋，远达阿拉伯半岛及东非沿海地区。他于1349年写成的《岛夷志略》一书记述国名、地名达96处之多。

明：造船的工厂分布之广、规模之大、配套之全是历史上空前的，达到了我国古代造船史上的最高水平。航海家郑和率领远洋船队七次下西洋，其船队规模之大、船舶之巨、航路之广、航技之高在当时无与伦比。

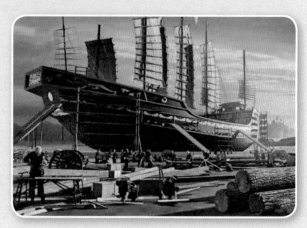

明朝大船

清朝前中期：清朝对航海技术不太重视。这期间，西方开启大航海时代，中国的航海技术开始落后于西方。

资料库 → → 大航海时代

大航海时代，是15～18世纪欧洲航海者开辟新航路、"发现"新大陆的时期。下面列出的是一些与新航线、新大陆"发现"有关的重要事件。

13世纪末，《马可·波罗行纪》的广泛流传，激起欧洲人对东方的向往，对以后新航线的开辟有着巨大影响。

1415年，葡萄牙亨利王子率远征船队开始对非洲西北部进行探索，陆续"发现"一些岛屿与海角。

1487～1488年，葡萄牙人巴瑟罗缪·迪亚士从里斯本出发，沿非洲西海岸南下，"发现"非洲好望角。

1492年，意大利人克里斯托弗·哥伦布受西班牙派遣，穿越大西洋，"发现"美洲大陆。

1497～1498年，葡萄牙人瓦斯科·达·伽马从里斯本出发，绕过好望角，到达印度卡利卡特，开辟了欧洲通往印度的航路。

1519年，葡萄牙人麦哲伦受西班牙派遣，率领船队开始环绕地球航行，以开辟通往东方的新航路。

1520年，麦哲伦穿过美洲南段与火地岛之间的海峡进入太平洋。后来这个海峡被称为"麦哲伦海峡"。

三桅帆船

1522年9月6日，麦哲伦的船队回到西班牙，完成了历史上首次环球航行。

二、航海是人类精神追求与技术进步的体现

航海是人类在海上航行，跨越海洋，由一方陆地去到另一方陆地的活动。这其中，体现着人类的精神追求，反映着技术的不断进步。

上网搜索，了解航海家的故事，体会航海家的精神追求。

广角镜 →→ 　　环球航行第一人

麦哲伦是葡萄牙著名航海家和探险家。1519～1521年，他率领船队绕地球航行，途中不幸身亡。他的同伴继续航行，回到欧洲，完成了人类首次环球航行。

1520年，麦哲伦率领的船队沿大西洋海岸向南航行，在南美洲南端找到了一条通往太平洋的峡道。此峡道长约570千米，被后人称为"麦哲伦海峡"。麦哲伦海峡是大西洋和太平洋之间重要的天然航道。

麦哲伦首次横渡太平洋，掀起了地理学和航海史上的一场革命，证明地球表面的大部分不是陆地而是海洋，世界各地的海洋不是相互独立而是相互连通的。

麦哲伦纪念邮票

麦哲伦船队

航海的发展，受相关科学技术进步的推动。

《航海技术辩证法》一书认为："航海是一门综合性的工程应用科学和技术。古代航海只是一种技艺，至15世纪初才逐渐发展为技术……而到了19世纪中叶，它的科学形态才逐渐取得完善。这一过程与19世纪中叶自然科学的整体发展是一致的。"

交流吧

请你开动脑筋想一想，航海都需要些什么设备和技术？以小组为单位交流看法，然后查阅资料，了解随着科学技术的发展航海事业的发展情况。

资料库 →→ **航海技术的发展**

航海技术主要包括海上导航定位技术、船舶驾驶操纵技术、造船技术、船舶仪器设备制造技术等。从古至今，航海技术得到了巨大发展，航海水平大大提高。

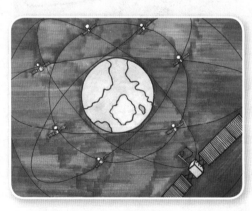

我国"北斗"导航系统示意图

就拿海上定位与导航来说吧。这一技术在古代就已出现。最初，人们只能靠太阳及行星确定船在海上的位置。随着星象规律的发现，指南针、牵星术的发明，海上定位与导航技术大大发展。郑和率领的舰队七下西洋，使用的便是牵星术。阿拉伯人在15世纪前后数百年使用拉线板。欧洲15世纪使用过星盘和四分仪，16世纪使用十字杆，17~18世纪使用反测器、六分仪等。20世纪，GPS的发明造福了全世界。如今，中国的北斗导航定位系统已经投入使用，为海上定位和导航提供了更大便利。

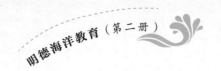

广角镜 →→　　帆船运动魅力无穷

帆船运动，是一项依靠自然风力，由人驾驶船前进的一项集竞技、娱乐、观赏、探险于一体的体育运动项目。帆船运动具有很高的观赏性。在水面上，千帆竞发，迎风破浪，奋勇向前。五颜六色的帆、高高的桅杆和运动员坚毅的身姿，构成了一幅令人振奋的图画。

在2008年奥帆赛上中国运动员殷剑勇夺金牌

如今，帆船运动已经成为世界沿海国家和地区普及的体育活动之一，也是各国人民进行海洋文化交流的重要渠道。经常从事帆船运动能增强体质、锻炼意志、培养挑战自我的拼搏精神。

三、航海精神鼓舞我们勇往直前

航海家面对茫茫大海，面对惊涛骇浪，不畏艰险，勇往直前。我们要发扬这种航海精神，在学习和生活中不惧困难、不断进取。

对于航海精神，你是怎样理解的？分小组讨论，并选派代表在全班交流。

你在学习、生活等方面是不是也遇到过困难？说说你是怎样解决困难的。

查阅反映不畏困难的精神的名人名言，并试着写几句鼓励自己战胜困难的话。

发扬郑和航海精神

观看郑和下西洋的相关视频，写一写你眼中的郑和是怎样的一位航海家。

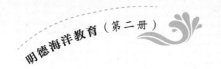

郑和下西洋，光辉照全球

我国伟大的航海家郑和，从明朝永乐三年到宣德八年，曾7次下西洋，到达西南太平洋、南亚、印度洋、东非等地，历经30余个国家和地区，最远到达红海和非洲东海岸的索马里和肯尼亚。据《明史》记载，郑和所率大小船舶200余艘，官兵27 800余人。其中，大型宝船62艘。最大者长44丈，宽18丈，设有九桅十二帆。郑和最远航线达6 000海里以上，还绘制了最早有航路的航海图。郑和船队规模宏大，人数众多，组织严密，是15世纪世界上规模最大的船队。

纪念郑和下西洋的邮票

郑和下西洋有许多令人赞叹的故事。1407年的一天，郑和的船队经过马六甲海峡时，遇到了一伙海盗。他们在大海上横行霸道，杀人劫货，无恶不作。郑和想趁此消灭他们，为民除害。那天夜里，当海盗船进入伏击圈后，郑和船队中一艘大船桅杆上高高升起一盏红灯。接着，一片灯笼、火把将海面照得通亮。海盗船被郑和船队包围，不到一个时辰就被全部歼灭。盗匪陈祖义做了俘虏。郑和一鼓作气，将陈祖义在旧港的老巢也端掉了。

　　郑和的远航，展示了我国当时高度发展的航海技术与造船水平，表现了我国古代人民开拓探索的精神，加强了亚非各国人民的友好往来，在人类文明史上留下了不可磨灭的功绩。

以 海 明 德

　　　面对困难，我们应该怎么办？懦弱的人会裹足不前，勇敢的人会迎难而上。我们要向伟大的航海家们那样，遇到困难不放弃，积极探索，勇往直前。

价值连城的鳕鱼

鳕鱼大战催生《联合国海洋法公约》

下午，明明刚放学回家，就闻到了一股香气从厨房传来。"妈妈，你做了什么好吃的这么香？"明明边说边走到餐桌旁。这时，妈妈端出了一盘白嫩嫩的鱼："小馋猫，快去洗手，尝尝妈妈做的炖鳕鱼。"全家人都

鳕鱼肉

落座后，明明迫不及待地夹起一大块肥厚的鳕鱼，大口大口地吃了起来。"妈妈，这鱼太鲜美了！"说着，他的筷子又伸向了另一块。"慢着。"爸爸说道，"你知道吗？这美味的鳕鱼，曾引发冰岛和英国的3次海洋战争，还催生了《联合国海洋法公约》呢！"一听说鳕鱼的背后还有故事，明明马上放下了筷子，催促起爸爸："快给我讲讲吧！"

为什么小小的鳕鱼会引起战争呢？《联合国海洋公约》是怎样诞生的呢？

一、鳕鱼之争

中世纪欧洲天主教戒律森严，规定在一些重要的日子人们必需斋戒，只能吃冷食。鱼从水中打捞上来，算是"冷食"，便成了能在斋戒日走上欧洲人餐桌的唯一肉类。鱼肉容易腐败，于是腌制、风干的鱼干充斥了当时欧洲菜市场，其中绝大多数是鳕鱼。鳕鱼贸易为位于法国和西班牙交界处的巴斯克人所垄断，巴斯克人从中获得了巨大利益。1946年，英格兰人发现今纽芬兰附近海域的鳕鱼数量庞大。巴斯克人对欧洲鳕鱼市场的垄断就此终结，鳕鱼开始在殖民贸易中扮演重要角色。纽芬兰渔业基地的鳕鱼制品被源源不断地输送到欧洲，鳕鱼干还被北美洲的人们运到西非，用以交换奴隶。到了20世纪，随着捕捞技术越来越先进，鳕鱼数量急剧减少，包括英国在内许多国家将捕捞渔船开到了当时严重依赖捕鳕业的冰岛。为了保护本国人民赖以生存的渔业资源，冰岛不断修改本国专属渔区，这激怒了英国人。"鳕鱼战争"就此爆发，并从20世纪50年代延续到了20世纪70年代。

鳕鱼干

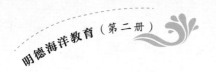

你能根据"资料库"中所描述的鳕鱼的样子，给它画张相吗？

我画的鳕鱼：

资料库 → →　　　　　　鳕鱼

　　鳕鱼多栖息在高纬度寒冷水域，曾引发冰岛和英国的3次海洋战争。鳕鱼，泛指鳕科鱼类。纯正的鳕鱼指鳕属鱼类：太平洋鳕、大西洋鳕、格陵兰鳕，我国仅有太平洋鳕1种。鳕鱼体长、侧扁，头、口大，具有3个背鳍、2个臀鳍，还长着1条颏须。鳕鱼肉质厚实，细刺极少。

鳕鱼

二、鳕鱼的战争——《联合国海洋法公约》的诞生

许多欧洲国家都视鳕鱼为战略资源，说它是中世纪的"石油"也不为过。20世纪50年代至20世纪70年代，英国和冰岛前后爆发了3次"鳕鱼战争"。

1952年，冰岛宣布，距离海岸线4海里以内的海域为冰岛的专属渔业区。1958年5月28日至1961年3月11日为第一次"鳕鱼战争"。1958年5月28日，冰岛告知英国、德国等相关国家：冰岛政府将在1958

年9月1日正式将其专属渔业区扩大到距海岸12海里，这一下子惹恼了英国人。为了和冰岛争夺鳕鱼，英国甚至派出37艘皇家海军舰艇前往冰岛海域，但以失败告终。1961年3月11日，英国和冰岛达成协议，英国承认了冰岛12海里专属渔业区的主张，而冰岛允许英国渔船在未来3年内分期撤出冰岛的12海里专属渔业区，第一次"鳕鱼战争"结束。1971年7月14日，冰岛政府宣布将在1972年9月1日前将专属渔业区扩大到50海里。英国和冰岛就此进行过数次谈判，也爆发了武装冲突，最终英国于1973年11月8日承认了冰岛的主张。这就是"第二次鳕鱼战争"。1975年第三次联合国海洋法大会召开。随着发展中国家维护海洋权益的斗争日益激烈，将专属渔业区扩展到200海里的趋势明显。冰岛政府借机于1975年10月15日宣布将专属渔区扩大到200海里。英国和冰岛的矛盾再起，第三次鳕鱼战争爆发并于1976年以英国的再次妥协结束。200海里海洋专属经济区也成为

一种国际共识，被写入《联合国海洋法公约》。就这样，寸海不让的冰岛，保护了自己的权益。小小的鳕鱼，改变了整个世界的海洋游戏规则。《联合国海洋法公约》在维护海洋之"和"，解决国家间海洋权益争端方面发挥了巨大作用。

交流台

请你想一想，如果没有《联合国海洋法公约》，现在会是什么样子？

资料库 →→   龙虾战争

龙虾

200海里专属经济区概念还没有成型前，在北半球，有冰岛同英国的3次鳕鱼战争；在南半球，巴西与法国则爆发了"龙虾战争"。顾名思义，"龙虾战争"中的双方是为争夺海中的龙虾捕捞权而战。巴西东北部海域，是著名的大龙虾产地，吸引着大量渔船赶来作业。距离最近的巴西人使用小船就可以完成工作。然而，巴西人经常遇到从大西洋对岸来的大型法国渔船。对于巴西人来说，他们的小船很难和较大的法国船队竞争。法国人一直认为这片盛产龙虾的海域并不是巴西人的专属渔业区。巴西人则开始依据大陆架的自然延伸，将专属渔业区扩大到100海里。根本谈不拢的双方很快就开始了武装对峙。对峙期间，两国出动专家在国际会议上论战。1964年，双方终于达成了和解。一不做二不休的巴西人，效仿邻国将专属经济区扩大到200海里。作为交换，法国方面依然被允许有26艘渔船继续留在原有区域捕捞5年。这场"龙虾战争"才算是落下帷幕。"龙虾战争"最大影响是促成了1982年的《联合国海洋公约》。从此200海里的专属经济区理念被全世界大部分国家所认可。只有在部分海峡和狭窄区域内，专属经济区范围才需要根据当事国协商来另做规定。

三、当我们发生争端时

开学了，我们走进了崭新的校园。校园的变化可大了：有新搭建的乒乓球台、高大的篮球架、有着丰富藏书的"明德图书馆"。为了方便我们饮水，学校还增设了"明德小水吧"。看到这么多的新设施，大家都高兴坏了！面对学校数量不多的公共设施，我们又该如何与别人共享呢？当同学之间发生争端，我们应当先冷静下来，搞清楚事情的原委，再用恰当的方法化解矛盾。在态度上不能过于强硬，先自己理清思路，反思一下究竟谁对谁错。如果是自己错了，那自己错在哪里？该如何给对方道歉才能在不再次伤害对方的前提下让对方容易接受？如果是对方错了，也要反思一下自己的态度是不是过于恶劣，让对方原本道歉的话语无从开口。

事实上，在学校里，同学与同学之间的关系是非常好处理的。只要

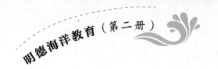

我们自己在对待他人的时候付出了真心，不要求回报，相信我们也会收获真诚。

 制作间

面对我们校园中活动区内数量较少的设施，避免大家为抢占发生争执，你能给这些活动区制定《校园公约》以避免不必要的争端吗？

信息卡 →→ 公约

公约，一般是大家就有关国家、部门、人员之间的利益问题进行公开讨论达成一致的意见，并且同意遵守的一系列规定。公约对于维护社会秩序、促进安定团结、加强社会主义精神文明建设有着不可低估的作用。

尝试起草海洋公约

观看纪录片《蓝色星球》中的"走进海洋"一集，领略海洋无穷魅力，了解人类对海洋环境的破坏、对海洋资源掠夺式开发的不良现状。尝试草拟一份《保护海洋环境、合理开发海洋资源公约》吧。

以海明德

《联合国海洋法公约》的诞生是为了规范各国对海洋的利用。自1994年11月16日生效以来，该公约几乎得到了普遍认可。《联合国海洋法公约》在维护世界和谐，解决各国海洋权益争端方面发挥了巨大作用。人类要和平相处、共赢发展。日常生活中，面对纷争，我们也要通过协商、制定相关公约和规范等方式来解决。

大洋科考探索海洋秘密

海风吹来浪花朵朵

我国科考队在东南太平洋的新发现

2018年，在中国首次环球海洋综合科学考察第五航段暨中国大洋第46航次第四航段科考作业中，科考队在东南太平洋首次发现了大面积富稀土沉积。这一发现刷新了我国和国际上深海稀土资源调查研究的纪录。

这次科考队对东南太平洋约260万平方千米范围内的深海盆地进行了海洋地质调查和环境综合考察，采集了丰富的沉积物和海水样品。分析结果显示该区域深海黏土中稀土含量较高，达到了"成矿"条件。科考队在东南太平洋深海盆内初步划出面积约150万平方千米的富稀土沉积区。这是国际上首次在东南太平洋发现大范围富稀土沉积，说明了我国深海资源调查研究水平已经处于国际先进之列。

科考队员在进行勘测

"稀土"被称为"工业维生素"，具有优良的光、电、磁等特殊性能，在新能源和新材料研发、航空航天、电子信息、石油化工、军工等领域应用价值很高。

大洋科考都要考察些什么？怎样进行大洋科考呢？

一、海洋秘密多，科考有利器

地球上的海洋面积约占地球表面总面积的71%。海洋环绕着大陆，了解海洋看起来好像很容易。然而，直到现在我们对海底的了解还不如对月球表面的了解多。广袤的海洋里藏着许许多多的秘密。

开动脑筋，大胆想象，海洋里都可能有哪些秘密？分小组交流分享。

观看Terra 2011年执导的纪录片《海洋的秘密》，分小组议一议纪录片展示的海洋里的秘密与大家想的是否一样，说说自己的观后感。

《海洋的秘密》是一部海洋纪录片，记录了大量有关海洋的珍贵资料，展现了异彩纷呈的海底世界。

广角镜 →→　　　大洋中脊体系

在世界洋底存在着一条贯穿各大洋的大洋中脊体系。大洋中脊体系是指贯穿世界各大洋、成因相同、特征相似的海底山脉系列的总称。大洋中脊体系在太平洋、印度洋、大西洋和北冰洋内连续延伸，首尾相接。脊顶水深一般2 000～3 000米，平均2 500米左右，有些地方高出水面成为岛屿（如冰岛、亚速尔群岛，复活节岛等）。大洋中脊宽度变化较大，一般数百至数千千米，宽的（如东太平洋海隆）可达4 000千米以上。若从大洋中脊相对于深海平原隆起的地方算起，其面积约占大洋底的1/3，可谓地球上规模最大的环球山系。

海山

在地形上大体孤立、高出洋底数百米甚至更高、边坡陡峭的海底高地叫作海山。海山遍布海底，常见成群成列出现。若多座海山呈线状排列，则称为海山链。在海山中引人注目的是顶部平坦、呈圆锥状台地的海山，山顶的平顶面直径可达十几千米，顶面水深可达2 000米。人们把这种形状独特的海山称作平顶海山，简称平顶山。

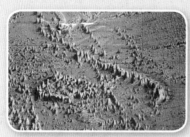
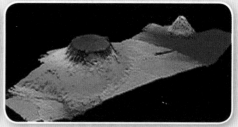

太平洋的海山及海山链　　　　　　海底平顶山

海洋的秘密还有很多，请你上网查询了解更多信息。

大洋科考是为探索海洋奥秘而进行的重要科学考察活动。海洋考察船在大洋科考中功不可没。

搜索厅

你知道我国都有哪些海洋考察船吗？它们各具有什么特点，都完成了哪些大洋科考任务？上网搜索，了解一下我国的海洋考察船及它们所进行的大洋科考活动吧。

信息卡 → 我国主要的海洋考察船

"大洋一号"是我国第一艘现代化的综合性远洋科学考察船，长100余米，宽16米，排水量为5 600吨，船上有10多个实验室。从1995年至今，"大洋一号"

"大洋一号"

完成了10余次大洋科考任务，许多国家的科学家曾在船上工作。

"大洋一号"在港口停靠时还经常举办海洋意识宣传教育活动。

"科学"号

"科学"号具有全球航行能力及全天候观测能力，是中国国内综合性能最先进的科考船。船长99.8米、宽17.8米，排水量约4 600吨，能在海上自

给自足地航行60天，抵御12级大风。其"短宽型"的船体结构、封闭式甲板、360度可环视驾驶台、翻转取样结构等设计为海上作业提供了良好的平台。其采用的电力推进系统是国际最先进的推进方式之一。

"向阳红09"是我国自行设计、自行建造的第一艘4 500吨级远洋科学考察船，2007年经改装成为国内第一艘深潜试验母船，2012年6月3日搭载着

"向阳红09"

我国"蛟龙"号载人潜水器执行"蛟龙"号7 000米级海试任务。

"雪龙"号是我国唯一能在极地破冰前行的船。船长167.0米，船宽22.6米，排水量为20 000多吨。船上装有可调式螺旋桨，操作灵活，能连续冲破1.2米厚的冰层。船体用特种钢板制

"雪龙"号

作，即使在零下40℃时也不会变形。

我国还有哪些著名的科考船？请你上网查询并与大家交流分享。

深潜器是深海科考的利器。我国自行设计、自主集成研制的载人潜水器"蛟龙"号在深海考察方面大显身手。

活动间

网上查询,认识"蛟龙"号。收集资料,给"蛟龙"号制作卡片。

"蛟龙"号载人潜水器

长＿＿＿＿米,宽＿＿＿＿米,高＿＿＿＿米,空重不超过＿＿＿＿吨,最大荷载＿＿＿＿千克,最大速度为＿＿＿＿海里/小时。

最大工作设计深度为＿＿＿＿米,理论上它的工作范围可覆盖全球＿＿＿＿的海洋区域。当前"蛟龙"号最大下潜深度＿＿＿＿米,创造了＿＿＿＿项新的世界纪录。

这些项目仅供参考,你可以根据查询到的资料自行设计卡片内容。

你还可以下载一些漂亮的图片放到卡片里。

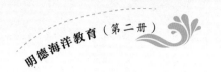

信息卡 →→ "蛟龙"号的三大领先优势

一大优势："蛟龙"号具有先进的近海底自动航行功能和针对作业目标稳定的悬停定位能力。

二大优势："蛟龙"号具有先进的海底微地形地貌和小目标探测功能，实时、高速传输图像和语音的能力。

"蛟龙"号

三大优势："蛟龙"号具有多种高性能作业工具，确保能在特殊海洋环境或海底地质条件下完成取样等复杂任务。

"蛟龙"号凭借技术优势，得以自如地遨游在深海，出色地完成探测任务。

二、大洋科考硕果累累

大洋科考不仅要走向深海，还要走向南极和北极；不仅要了解海底的矿产资源、深海的生物资源，还要探究生命的起源、地球气候的变化等与海洋的关系，可谓任务繁重、使命神圣。

我国在海底矿藏勘察、深海生物调查、极地研究等方面取得重大成就。

观察台

观看下面的图片，了解"蛟龙"号镜头下的深海生物，感受深海的神秘。

"蛟龙"号镜头下的深海生物

海底"黑烟囱"周围的生物群落

小飞象章鱼

大阳水母

深海鮟鱇鱼

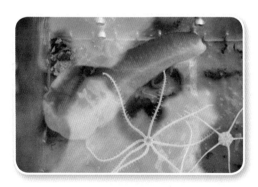

紫色的海参

发现的新生物

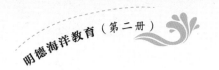 大洋科考的海底发现

　　大洋科考发现海底蕴藏着许多具有开发价值的矿产资源，主要包括多金属结核、富钴结壳、多金属硫化物、稀土沉积矿藏、可燃冰等，对于国家经济建设具有重大意义。

　　海底热液区的寻找和研究具有相当重要的意义，可为生命起源和大洋演变研究提供关键线索。

多金属结核　　　　　　　　海底"黑烟囱"

　　地球的南北两极，是全球气候变化的冷源，也是人类居住的地球与外星联系的重要窗口；尤其是南极，是地球上至今未被开发、未被污染的洁净大陆，那里蕴藏着无数的科学之谜和信息。极地考察是大洋科考的重要内容，是一个国家综合国力和科技水平的具体体现，在政治、经济、军事、外交、科学、环境、社会等方面都有重大的意义和深远的影响。

搜索厅

网上搜索，了解南极与北极科考的重要意义以及我国极地科考取得的重大成就。

信息卡 →→ **中国南极科考站**

长城站，1985年建成，是中国在南极的首个科考站；位于南极洲南设得兰群岛的菲尔德斯半岛上，东临麦克斯维尔湾中的长城湾，背依终年积雪的山坡。

中山站，1989年建成；位于东南极大陆拉斯曼丘陵。中山站年平均气温零下10℃左右，极端最低温度达零下36.4℃。

昆仑站，2009年建成；位于南极内陆冰盖最高点西南方向约7.3千米，是中国首个南极内陆科考站。中国是第一个在南极内陆建站的发展中国家。

泰山站，2014年建成；位于东南极内陆冰盖腹地，年平均气温零下36.6℃。它是一个3层高架结构，高度为20多米，外形像一个灯笼。

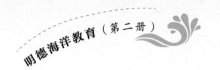 **国际合作研究计划**

　　1968年开始的深海钻探计划及其后续的大洋钻探计划、综合大洋钻探计划和国际大洋发现计划是国际地球科学领域迄今规模最大、影响最深、历时最久的大型国际合作研究计划，实现了地球科学研究的一次又一次的重大突破。

三、大洋科考精神相传

　　大洋科考事业的发展，离不开一代代以海为家、奉献才智的优秀科考队员。为了科学研究，科考队员要克服晕船的痛苦，要忍受对家乡和亲人的思念，要与狂风巨浪斗争，要在冰天雪地中工作，但他们无所畏惧！

　　什么是"大洋科考"精神？我们应当怎样学习这种精神？分组交流讨论。网上搜索有关大洋科考的故事，感受"大洋科考"精神的强大力量。

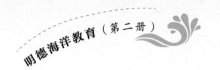 **魏文良谈南极精神**

　　魏文良曾任原中国国家海洋局极地考察办公室党委书记。

　　1988年11月，时任船长的魏文良驾驶我国第一艘极地考察船"极地"号远征南极。到了南纬65度，船首被海冰撞了一个大洞，海水进入储备浮力舱。当时距南极大陆还有200海里，正常航行1天时间就可以抵达，但因为冰情严重和风强浪大，"极地"号航行了20多天。虽然船首被海冰撞破了，但全体船员采取各种措施，锲而不舍，不断向前。

"20多天后，我们抵达南极。这是中国考察队第一次到达南极。当时大家高喊'南极，我们中国人来了'。"魏文良再次回忆起当时的情景仍激动万分。

"什么是南极精神？南极精神就是不畏艰险、不怕牺牲、忘我献身的革命英雄主义精神！南极精神就是遵守纪律、团结一致、齐心协力的集体主义精神！南极精神就是脚踏实地、一丝不苟、严肃认真的科学求实精神！南极精神就是发愤图强、立志振兴中华的爱国主义精神！"魏文良说。

极地"老英雄"魏文良远赴极地，从事科学考察10余次。2008年7月，他被授予中国航海终身贡献奖。

奋战在冰原上的科考队员

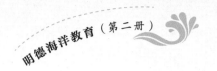

走进大洋科考

去国家深海基地研学或观看关于中国极地科考的视频，增强对大洋科考的认识，感受大洋科考的魅力。之后写一篇小作文，谈谈自己的感想。

首席潜航员付文韬在国家深海基地潜水器试验水池车间介绍"蛟龙"号。

中国正从极地科考大国向强国迈进。

以海明德

大洋科考是人类深入认识海洋的重要活动，必将进一步加强人类与海洋的关系，使人类更加科学合理地开发利用海洋和保护海洋，实现人类与海洋的和谐发展。我们要学习大洋科考队员的优秀品质和崇高精神，热爱海洋，关心海洋，经略海洋，保护海洋，为促进人类和海洋的和谐发展贡献自己的力量。

海之容

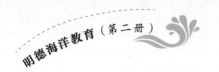

"胸怀"博大的海洋

孙悟空深海取宝

同学们，你们一定看过《西游记》吧？在《西游记》中，孙悟空没有合适的兵器，于是来到海底，到东海龙宫里索要宝贝。四海龙王齐聚东海龙宫，不敢怠慢。东海龙王送上了如意金箍棒，北海龙王献上了藕丝步云履，西海龙王送上了锁子黄金甲，南海龙王送上了凤翅紫金冠。孙悟空得到了这些宝贝，威风凛凛地离开了大海。神话里，海底耸立着金碧辉煌的龙宫，藏有各种奇珍异宝。

《西游记》里的东海龙宫

"齐天大圣"——孙悟空

孙悟空探海取宝是一个神话故事，海底并没有龙宫。那么，海底究竟什么样呢？

从哪些方面可以看出海洋有"博大"的胸怀？

一、海洋究竟有多深

站在软软的沙滩上，望着那波涛滚滚的海面，你会感到这景象十分壮观。其实，海底世界也很壮观。和陆地上一样，海底也有高山峻岭、峭壁沟壑，也有低洼的盆地、宽广的平原，甚至还有落差超过3 500米的瀑布。

广角镜 → 世界上落差最大的瀑布竟隐藏在海底

海洋学家在冰岛和格陵兰岛之间的大西洋海底，发现了海底特大瀑布——丹麦海峡瀑布。这一海底瀑布落差超过3 500米，而陆地上最大的安赫尔瀑布（位于委内瑞拉）落差尚不足千米。

据估计，每秒钟就有多达50亿升的海水从海底峭壁倾泻直下，水量相当于亚马孙河一秒钟入海水量的25倍。丹麦海峡瀑布成为海底的一大奇观。

安赫尔瀑布

海底瀑布

 制作间

以小组为单位，发挥想象力，用太空泥制作海底的地形模型。小组之间互相交流。做好后，各小组派代表讲一讲所制作的模型的特点。

 为了使模型更具特点，应多查阅一些资料。

可以对照陆地地形来认识海底的地形。

广角镜 →→　　　　陆地与海底

陆地表面是起伏不平的，主要有山脉、丘陵、平原、高原、盆地等。

按深度和形态，整个海底可分为三大基本地形单元：大陆边缘、大洋盆地和大洋中脊。三大地形单元又可进一步划出一些次一级的海底地形单元。大陆边缘包括大陆架、大陆坡、大陆隆、岛弧与海沟。大洋中脊是新的大洋诞生的地方，又称中央海岭，边坡陡峭者称为洋中脊，边坡较缓者称为洋隆。大洋盆地是指大洋中脊坡麓与大洋之间的广阔洋底，约占世界海洋面积的1/2。大洋盆地中又有起伏的深海丘陵、坦荡的深海平原与星罗棋布的海山。

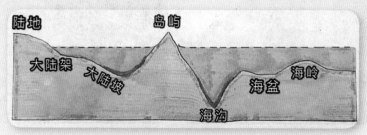

海底构造示意图

海底有高山峻岭，但它们绝大部分都被海水淹没了，那些海底盆地、海沟就更不用说了，这说明海洋一定很深。那么，海洋究竟有多深呢？

阅览室

阅读下面的资料，体会海洋的深度。

海洋之深

　　根据现有的记录，海洋的平均深度约3 800米。四大洋中最深的太平洋平均深度约为4 000米，最浅的北冰洋平均深度约为1 300米，而印度洋和大西洋的平均深度也分别达到了3 800多米和3 600多米。

　　马里亚纳海沟位于太平洋西部，马里亚纳群岛附近。整个海沟呈弧形；全长约2 550千米，平均宽约70千米，大部分水深在8 000米以上；最深处为11 034千米，是地球的最低点。如果把地球最高峰珠穆朗玛峰放进马里亚纳海沟，珠穆朗玛峰的峰顶离海面还有约2 000米，足可以再在珠穆朗玛峰的峰顶放上一座华山。

　　太平洋中部夏威夷岛上的冒纳罗亚火山海拔约4 170米，而该岛附近洋底深五六千米。冒纳罗亚火山实际上是一座从海底隆起高约万米的山体。

马里亚纳海沟

冒纳罗亚火山

上述数据和事例充分说明了海洋"胸怀"的博大；它能容得下高山峻岭，能容得下深邃海沟，也容得下巨大的海盆。

二、海洋里究竟有多少海水

我们的地球面积为5亿多平方千米，海洋的面积约为3.6亿平方千米，约占地球总面积的71%。也就是说，地球的大部分被海水所覆盖。地球上的海洋是相互连通的，构成统一的世界大洋，海洋包围并分割了地球上的所有陆地。

地球的平均半径约为6 371千米，海洋的平均深度约为3 800千米，计算一下海洋的体积有多大。

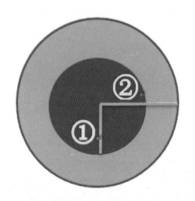

① 地球平均半径约为6 317米。

② 海洋的平均深度约为3 800千米。

广角镜 → → **海水知多少**

海水约有13.5亿立方千米，约占地球上总水量的97%。尽管陆地上的河水不断地流入海洋，淡水和海水的量基本保持恒定。这是为什么呢？

海洋中的水蒸发升入高空，遇冷变成雨或雪落下来。落到地面的雨或者雪，一部分被土壤吸收，一部分顺着地势，往低洼的地方流动。一股股水流，慢慢地形成小溪，若干小溪汇合成江河，奔向海洋。

大自然中的水循环

当天气温度升高后，地表的温度就会很高，泥土中的水分也会被蒸发掉，因此，泥土中的水又回到天空中。

原来是大自然中的水循环在控制着海水的量。

海洋中庞大的水体进一步说明了海洋具有博大的"胸怀"。

如果细分一下的话，海洋包括海和洋两大部分。

观察台

打开世界地图，找一下带有"海"字以及带有"洋"字的海洋区域都在什么位置。由此你能总结出海和洋的不同点吗？

资料库 →→ 海和洋

根据海洋要素特点及形态特征，可将海洋分为主要部分和附属部分。主要部分是洋，附属部分是海。

洋或称大洋，是海洋的主体部分，一般远离大陆，面积广阔，而且较深。世界大洋通常被分为四部分，即太平洋、大西洋、印度洋和北冰洋。

波罗的海风光

海是海洋的边缘部分。海较浅，深度一般小于3 000米。海临近大陆，温度和盐度等水文要素受大陆影响很大，并有明显的季节变化。

广角镜 →→　　　海湾

海湾是洋或海延伸进大陆且深度逐渐减小的水域，三面环陆，一般以入口处海角之间的连线或入口处的等深线作为与洋或海的分界。海湾中的海水可以与毗邻海洋自由沟通，故其水文状况与邻接海洋很相似。世界大小海湾甚多，主要分布于北美、欧洲和亚洲沿岸。需要指出的是，由于历史上形成的习惯叫法，有

凯法利尼亚岛海湾风光

哈德孙湾风光

些海和海湾的名称被混淆了，有的海叫成了湾，如波斯湾、墨西哥湾等；有的湾则被称作海，如阿拉伯海等。

大澳大利亚湾风光

塔斯马尼亚岛酒杯湾风光

三、人人都要有大海般宽广的胸怀

法国大文豪维克多·雨果说过这样一句话："世界上最宽广的是海洋，比海洋更宽广的是天空，比天空更宽广的是人的心灵。"宽广的胸怀对一个人来说十分重要。

上网搜索，了解一个人拥有宽广的胸怀的好处。

许多历史名人有着宽广的胸怀，他们的故事至今仍然启迪着我们。

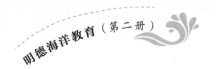 → → **我不当乡巴佬，谁当乡巴佬呢**

武则天时代的宰相娄师德以仁厚宽恕、恭勤不怠闻名于世。当时的凤阁侍郎李昭德骂娄师德是乡巴佬，娄师德却笑着说："我不当乡巴佬，谁当乡巴佬呢？"当时的名臣狄仁杰也瞧不起娄师德，想把他排挤出朝廷，娄师德也不计较。后来武则天告诉狄仁杰："我之所以任用你，正是娄师德向我推荐的。"狄仁杰听后惭愧不已。

宰相肚里能撑船

三国时期，诸葛亮去世后，蜀国任用蒋琬主持朝政。他的属下有个叫杨戏的人，性格孤僻，讷于言语。蒋琬与他说话，他也是只应不答。有人看不惯，在蒋琬面前嘀咕说：

"杨戏这人对您如此怠慢，太不像话了！"蒋琬坦然一笑，说："人嘛，都有各自的脾气秉性。让杨戏当面说赞扬我的话，那可不是他的本性；让他当着众人的面说我的不是，他会觉得我下不来台。所以，他只好不作声了。其实，这正是他为人的可贵之处。"后来，有人赞蒋琬"宰相肚里能撑船"。

你还知道哪些胸怀如大海般宽广的故事？快来给大家讲一讲吧。

分小组讨论，为了拥有宽广的胸怀，我们应当怎样做？

制作"宽广胸怀"名人名言录

大家一起行动，广泛收集关于人要有宽广胸怀的名人名言录或文章，精选后装订成册，作为我们的励志手册。

信息卡 →→　　　名人名言

心如大地者明，行如绳墨者彰。

——〔西汉〕刘向《说苑》

必能忍人所不能忍，方能为人之所不能为；凡人具大受之才者，必有其大受之量。

——〔清〕王之铁

腹中天地宽，常有渡人船。

——朱德《游七星岩》

以 海 明 德

　　"海纳百川，有容乃大。"海洋以宽广的胸怀包容着一切。它汇聚了陆地上的河流，昼夜不息地净化废弃物质；它承载着种类繁多的船只，促进了世界各地的人们的交流；它养育着形形色色的海洋生物，蕴藏着多种多样的矿产，为人类提供了宝贵的资源。一个人胸怀有多大，担当就有多大。让我们像海洋一样，做一个有担当、有涵养、宽容大度的人吧。

海岛，海水托起的"明珠"

钓鱼岛，中国的神圣领土

在我国的东海里，距离浙江温州市约356千米、福建福州市约385千米、台湾基隆市约190千米的地方有一座富饶而美丽的岛屿，长约3 641米，宽约1 905米，面积约3.91平方千米，最高海拔约362米，她的名字叫钓鱼岛。

美丽的钓鱼岛

钓鱼岛自古以来就是我国神圣的领土。"二战"后，美国擅自非法托管钓鱼岛。20世纪70年代美国将钓鱼岛"施政权""交给"日本。美日对钓鱼岛进行私相授受，严重侵犯了中国的领土主权，是非法的、无效的，没有也不能改变钓鱼岛属于中国的事实。日本方面无视大量的历史事实和

法理根据，竟声称钓鱼岛为日本的"领土"，"钓鱼岛争议"由此而生。2012年3月3日，国家海洋局、民政部公布了中国钓鱼岛及其部分附属岛屿的标准名称。2012年9月10日，中国政府发表声明，公布了钓鱼岛及其附属岛屿的领海基线。2012年9月10日

中国海警船在钓鱼岛海域巡航

起，中国有关部门对钓鱼岛及附属岛屿开展常态化监视、监测。中国海监执法船、渔政船在钓鱼岛及其附属岛屿海域进行常态化巡航执法，维护该海域正常的渔业生产秩序。中国还通过发布天气和海洋观测预报等对钓鱼岛及其附近海域实施管理。

除了钓鱼岛外，我国都有哪些著名海岛？世界上还有哪些著名海岛呢？

海岛对一个沿海国家来说，有哪些重要意义？

一、"万岛之国"：中国的骄傲

除了广袤的大陆外，我国还有绵长的海疆，从南到北的海域中分布着灿如珍珠的海岛。

打开中国地图，查找我国的四大海岛的位置。查阅更多的资料，了解我国的海岛。

信息卡 →→　　中国四大海岛

第一大岛：台湾岛。第二大岛：海南岛。第三大岛：崇明岛。第四大岛：舟山岛。

资料库 →→　我国是名副其实的"万岛之国"

我国的海岛位于亚欧大陆以东、太平洋的西部边缘，分布在南北跨越38个纬度、东西跨越17个经度的广阔海域中。

2018年7月26日，自然资源部发布《2017年海岛统计调查公报》。公报显示，我国共有海岛11 000余个，海岛总面积约占我国陆地面积的0.8%。浙江省、福建省和广东省海岛数量位居前三位。

我国海岛分布不均，呈现"南方多、北方少，近岸多、远岸少"的特点。按区域划分，东海海岛数量约占我国海岛总数的59%，南海海岛约占30%，渤海和黄海海岛约占11%；按离岸距离划分，距大陆小于10千米的海岛数量约占海岛总数的57%，距大陆10至100千米的海岛数量约占39%，距大陆大于100千米的海岛数量约占4%。

刘公岛

长山群岛

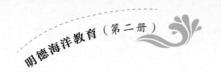

广角镜 →→　　　　世界岛国

　　据初步统计，目前世界上共有数十个独立的岛国，如亚洲的印度尼西亚、日本、菲律宾、新加坡等，非洲的马达加斯加、毛里求斯、塞舌尔等，北美洲的古巴、牙买加等，欧洲的冰岛、爱尔兰、英国等，大洋洲的新西兰、汤加、马绍尔群岛等。

二、景色+文化：海岛魅力无穷

海上"明珠"——海岛风景美不胜收，令人向往。

搜索厅

上网搜索海岛风光图片，欣赏海岛景色之美。

海岛风光

| 西沙七连屿 | 涠洲岛 |

澎湖列岛

南麂岛

你到过哪些海岛？印象最深的是哪些？

和大家交流一下你对海岛的认识或游海岛的感受和体会吧。

信 息 卡 →→　　　海岛旅游

　　海岛旅游是指在海中岛屿及周围水域中开展的观光、娱乐、度假等活动。近几年，海岛旅游已经成为深受人们欢迎的旅行选择，不管是距离较远的海外海岛行，还是国内沿海的海岛游，都是热门的旅游项目。

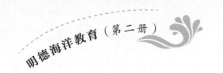

马尔代夫　　　　　　　　　　普吉岛

济州岛　　　　　　　　　　　夏威夷

　　以小组为单位制作一张"海岛明信片"，派一名同学代表本小组在全班进行介绍。对各组的明信片进行评比，选出心中的"最美海岛"，表达对祖国海岛的热爱之情。

　　海岛不仅拥有秀丽的风光，而且流传着诸多动人的故事。

阅读故事《壮哉，田横五百士》，与同学们一起谈谈自己的感受。

壮哉，田横五百士

　　田横是战国时期齐国贵族之后。秦末，田横一家起兵抗秦，收复了齐国城池。汉高祖统一天下后，田横同他的部下500人困守在一个孤岛上。汉高祖下诏说，如果田横来京城投降，便可封王或侯；如果不来，便派兵把岛上的人全部消灭。田横为了保护岛上的人，便带了两个部下，离开海岛，前往京城。然而，到了离京城30里的地方，田横便自刎而死。自刎前，他嘱咐同行的两个部下拿他的头去见汉高祖，表示自己不受投降的屈辱。汉高祖以诸侯王的礼仪葬田横，并封那两个部下做官，但那两个部下在田横墓旁自尽了。汉高祖派人去招抚岛上的500人，但他们听到田横已自刎，便都蹈海而死。

田横岛上五百壮士雕塑群

　　田横当年困守的那座孤岛，就是今天的田横岛（位于青岛市即墨东部海域）。

田横祭海

田横祭海是发源于山东省田横镇周戈庄村的传统民俗活动，已有500多年的历史了，每年都吸引不计其数的游客和研究人员前来。2008年，田横祭海节被列入第二批国家级非物质文化遗产名录，并荣膺首届节庆中华奖"最佳公众参与奖"。

你都知道哪些有关海岛的故事？请讲给大家听听。

你也可以查阅资料，了解更多的有关海岛的故事。

三、资源+权益：海岛价值连城

海岛及其周围海域蕴藏着丰富的渔业资源、油气资源、旅游资源、港口资源、矿产资源等，对我国社会主义现代化建设具有极其重要的意义。

搜索厅

以海南省为例，上网搜索，了解海岛自然资源的特点以及开发利用情况。

根据海南省的资源优势，你认为海南省应优先发展什么？

资料库 → → 海南省的自然资源

土地资源：海南省是全国最大的"热带宝地"，土地总面积351.87万公顷，占全国热带土地面积的42.5%，人均土地约0.44公顷。

作物资源：粮食作物是海南种植业中面积最大、分布最广、产值最高的作物，主要有水稻、旱稻、山兰坡稻、番薯、木薯、芋头、玉米、粟、豆等。经济作物主要有甘蔗、麻类、花生、芝麻、茶等。水果种类繁多，主要有菠萝、荔枝、龙眼、香蕉、柑橘、杧果、西瓜、阳桃、波罗蜜、红毛丹、火龙果等。蔬菜有120多种。

植物资源：海南的植被生长快，植物繁多。海南岛有维管束植物4 600多种，约占全国总数的1/7，其中490多

海南岛上的热带植物

种为海南所特有。热带森林植被类型复杂，垂直分带明显，且具有混交、多层、异龄、常绿、干高、冠宽等特点。

动物资源：海南陆生脊椎动物有660种，其中两栖类43种，爬行类113种，鸟类426种，哺乳类78种。在陆生脊椎动物中，23种为海南特有。

水产资源：海南海洋渔场广，是国内发展热带海洋渔业的理想之地。海南的海洋水产资源具有品种多、生长快和鱼汛长等特点。海南岛近海已记录鱼类800多种，南海北部大陆架海域已记录鱼类1 000多种，南海诸岛海域已记录鱼类500多种。

海盐资源：海南岛是理想的天然盐场，许多港湾滩涂都可以晒盐；目前已建有莺歌海、东方、榆亚等大型盐场，其中莺歌海盐场最著名。

矿产资源：海南矿产资源种类较多。全省共发现矿产88种，经评价有工业储量的矿种70种。探明储量位于全国前列的优势矿产有石油、天然气、玻璃用砂、钛铁砂矿、锆英石砂矿、宝石类矿物、富铁矿、铝土矿、饰面用花岗岩等。

水利资源：海南岛大小河流水能理论蕴藏量100多万千瓦，可开发约90万千瓦。地下水资源储量约75亿立方米，占水资源总量的20%左右，其中理论可开发利用25.3亿立方米。

（资料来源：海南省人民政府官网）

开发利用海岛都应注意些什么问题？分小组讨论并全班交流。

《中华人民共和国海岛保护法》为海岛开发和保护保驾护航

　　《中华人民共和国海岛保护法》由中华人民共和国第十一届全国人民代表大会常务委员会第十二次会议于2009年12月26日通过，于2010年3月正式实施。这一法律是中国最高立法机关第一次为保护海岛生态系统而启动的国家层面的立法工作。

　　为保护海岛及其周边海域生态系统，合理开发利用海岛资源，维护国家海洋权益，促进经济、社会可持续发展，依据《中华人民共和国海岛保护法》等法律法规和有关规划，国家还制定了《全国海岛保护规划》。

　　海岛不仅是繁荣经济、拓展人类发展空间的重要依托，还与国家的海洋领土有着密切的关系，是捍卫国家海洋权益、保障国防安全的战略前沿。

阅览室

　　阅读"天涯哨兵"贺亚辉的故事，和同学们交流读后感想。

"天涯哨兵"——贺亚辉

　　贺亚辉，是西沙中建岛守备队的一名老兵，到西沙驻守已经20年了。

　　贺亚辉军事素质过硬，多次立功。上军校期间，人们送给他一个外号："天涯哨兵"。

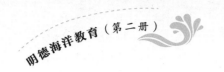

　　在他珍藏的日记本上，记录着20年前刚入伍时写下的一句话："为分到西沙而感到骄傲自豪。"

　　在西沙流传着这样一句话："没有七分胆，休上中建白沙滩。"20年来，贺亚辉两次到中建岛任职，对岛上艰苦的生活条件深有体会。

　　"中建岛以前一个月来一趟交通船，有句话说'日报当月报看'。我们洗澡用的水又苦又涩，水质非常差，毛巾可能用了半个月就坏了。

　　"在中建岛的主要工作是执勤，发现情况要及时上报。我们常年处在一线，全天候处在战备状态。

　　"中建岛上的一个指导员是湖南人，"三封电报"讲的就是他的故事。第一封电报父亲病重，第二封电报父亲病危，第三封电报父亲已去世。当时天气条件恶劣，没有船出去，他只能是在沙滩上面朝着家乡拜了几拜。"

　　西沙中建岛守备队组建于1978年。40多年来，一代代中建岛官兵以苦为荣，以岛为家，出色完成了守卫海岛等各项任务，被中央军委授予"爱国爱岛天涯哨兵"荣誉称号。

　　贺亚辉驻守西沙20年，也见证了西沙的变化发展。他说，20年来，西沙的交通越来越便利，通信也越来越发达。守卫西沙的"天涯哨兵"始终和祖国心连心。

做你海岛小导游

选择最向往的祖国海岛，收集资料（包括图片），编写导游词，并带着爸爸妈妈来一次海岛"云旅游"。把收集的图片和编写的导游词在小组里分享，然后选派代表在全班介绍，召开一次"海岛旅游推介大会"，评选出最佳小导游。

要做好导游，就要抓住海岛的特色进行介绍，这样才会给"游客"留下深刻的印象。

以海明德

海岛是广袤大海上的"明珠"，是海洋赐给人类的礼物，为人类的生存与发展带来无限的希望。保护海上"明珠"，建设美丽海岛，是我们的重大责任和光荣使命。关心海岛，热爱海岛，我要从现在做起，将其落实到行动中。

美哉，中国海

赞歌献给中国海

有这样一首美妙动听的歌，它向我们介绍了我国辽阔的内海和边海，以及美丽的海岛，它就是《中国海》。让我们一起听听这首歌，感受中国海的魅力！

中国海

1=A 2/4

中速 优美地
（前奏、间奏略）

张嘉兴　词/曲

```
6361  1 | 676  573 | 3 -  | 6361  1 | 772  6̇5 | 5 - |
苏岩礁乃   延 伸的华    夏，     赤尾屿有    梦牵  挂，
黄岩岛上   篆 刻书中    华，     太平俗称    黄山  马，

6565  66 | 6̇7·3 3 | 367i̇ | 3i̇ 76 | 7 -  | 6361  1 | 676  573 |
经纬如弦 宛若  琵  琶， 弹奏一曲 牵手天   涯。    钓鱼岛上   开满 了山
龙的传人 命名  了  它， 鸟语花香 绮丽南   沙。    立地暗沙   最 南端的

3 -  | 6361  1 | 772  6̇5 | 5 - | 6565  6 6 | 56̇7·6 6 |
茶，    朵朵奇葩   是西  沙，     早有园丁 呵护   着 它，
家，    如玉闪烁   碧波  下，     那是珊瑚 曾母   暗 沙，
```

3 67ⅰ 7676 | 6 - | 33 233 | 2111 ⅰ | 6123 5321 | 231 ⅰ |
秦汉唐宋 世代传　下。}　无限　蔚蓝　点　点帆，椰树摇曳贝如花瓣　满沙滩，
美似泼墨 山水之　画。　　灿烂　星空　浴　波澜，苍穹如水明月枕浪　梦浩瀚，

2·6 6 | 712 66 | 775 712 | 3 - | 33 33 | 2111 ⅰ |
万　千　岁月桑　田，中国海　美丽不　变。　亿万　炎黄　皆是岸，
胸　怀　磅礴无　疆，中国海　澎湃东　方。　旭日　染红　万里蓝，

6123 5321 | 231 ⅰ | 2·6 6 | 712 66 | 775 772 | 3 - |
滔滔江河 融汇四海 谁能断，　多　远　都不遥　远，中国海　血脉相　连。
身披晨曦 巡航天际 多璀璨，　守　望　辽阔信　仰，中国海　壮丽东

3 - | （间奏9小节）‖: 3 - :‖ 3 - | 3 - | （尾奏略）‖
　　　　　　　　　　　连。D.S. 方。

苏岩礁——苏岩礁位于东海，是江苏外海大陆架延伸的一部分。

赤尾屿——赤尾屿是中国最东端的岛屿。

黄岩岛——黄岩岛是中国中沙群岛中唯一露出水面的岛礁。

太平岛——太平岛俗称黄山马或黄山马礁，是南沙群岛中唯一有淡水资源的岛屿。

立地暗沙——立地暗沙是一座位于南海的暗沙，为南沙群岛的一部分。

听完这首歌，你一定既激动又自豪。是啊，美丽的中国海，是伟大祖国的骄傲！

让我们一起走进中国海，进一步了解中国海。

在感受中国海的魅力时，一定要好好想一想我们应为中国海做些什么。

一、神圣的"蓝色国土"

"蓝色国土"又称海洋国土。中国的"蓝色国土"，包括渤海的全部，黄海、东海和南海的一部分以及台湾岛的周边海域，总面积约300万平方千米。

仔细观察中国地图，根据"资料库"提供的资料，在地图中找一找渤海、黄海、东海、南海的位置。

资料库 → **渤海、黄海、东海与南海**

我国四大海域中，渤海位于最北部。渤海是我国的内海；面积较小，约7.7万平方千米；通过渤海海峡与黄海相通。

黄海是太平洋的边缘海，面积约38万平方千米；因黄河等入海河流携带泥沙过多，近岸海水呈黄色而得名。

东海北起长江北岸至济州岛方向一线，南达广东南澳到台湾岛南端一线，面积约77万平方千米。

南海，因位于中国大陆南边而得名，总面积约为350万平方千米，大小仅次于南太平洋的珊瑚海和印度洋的阿拉伯海。南海的海底是一个巨大的海盆，海盆的山岭露出海面就是我国的东沙、西沙、中沙、南沙群岛，这些海底山岭是中国大陆架的自然延伸。

我国沿海地区有30多个大、中城市，它们是祖国靓丽的风景线。

 **交流吧**

我国沿海有哪些城市？哪些城市给你留下了深刻印象？大家一起交流。

你可以上网搜索，了解我国的沿海城市。

广角镜 → → **我国沿海城市一瞥**

　　我国沿海城市是我国对外开放的窗口，是我国与世界各国友好交往的重要平台，是促进内地发展的动力源。这些沿海城市各具特色，在推动我国经济发展、文化繁荣、社会进步方面发挥着巨大作用。

我国首批沿海开放城市、国家重要的工业基地、我国第一艘航空母舰的诞生地——大连

中国共产党诞生地，国家历史文化名城，我国经济、金融、贸易、航运、科技创新中心，直辖市——上海

我国通往世界的南大门，粤港澳大湾区、泛珠江三角洲经济区的中心城市，"一带一路"的枢纽城市——广州

国家创新型城市，国际科技产业创新中心，粤港澳大湾区四大中心城市之一，我国三大金融中心之一——深圳

二、中国海，富饶而美丽

我国海域资源丰富，主要有海洋生物资源、海底矿产资源、海水资源、海洋能资源、港口资源、海洋旅游资源等。

搜索厅

查阅资料，了解富饶的中国海。

资料库 → → 我国的"蓝色财富"

我国拥有丰富的海洋资源。含油气沉积盆地约70万平方千米，石油资源量估计为240亿吨左右，天然气资源量估计为14万亿立方米。另外，我国管辖海域还有大量的天然气水合物资源。我国管辖海域内有海洋渔场280万平方千米，海水可养殖面积260万公顷，浅海滩涂可养殖面积242万公顷。

"蓝色财富"对我国发展海洋捕捞业、海水养殖业、海洋矿业、海洋运输业和海洋旅游业等产业都提供了良好的条件。

我国最大的渔场——舟山渔场

南海可燃冰试开采

位于渤海的石油钻探平台

海滨砂矿开采

富饶而美丽的中国海成了人们向往的地方。让我们走近中国海，饱览海洋风光。

 分享吧

把你到海滨旅游的所见、所闻、所感讲给大家听听，把旅游时拍的照片展示出来，让大家分享你的快乐和收获。

把大家的照片收集起来，办一次"海洋旅游"展览，怎么样？

好主意，大家一起动手干起来吧。

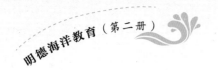

三、建设海洋强国，守卫万里海疆

我们是新时代的小学生，建设海洋强国、守卫"蓝色疆土"是我们义不容辞的责任和神圣光荣的使命。

分小组讨论：为了建设海洋强国、守卫"蓝色疆土"，我们现在应怎么做，将来应怎么做？小组讨论后，每个小组选派一名代表在全班交流。

我们不仅要有想法，还要付诸行动。

开展关于海洋国土的调查与宣传活动

中国海多么辽阔，多么富饶！社区的居民是否了解中国海呢？让我们走进社区，进行一次调查和宣传吧！

1.小组交流，制订调查方案，明确调查步骤和应注意的问题。

调查有好多方式，问卷调查是常用的一种。

示例："海洋国土"调查问卷

您好！为了掌握人们对"海洋国土"的了解情况，我们特意进行此次问卷调查。请您如实填写。感谢您的大力支持和参与！

您的年龄		您的职业	
调查问题		调查选项	
1. 您知道我国的陆地国土面积吗？		A. 900万平方千米 B. 960万平方千米 C. 890万平方千米	
2. 您知道我国主张管辖的海洋面积，即"海洋国土"面积吗？		A. 300万平方千米 B. 200万平方千米 C. 100万平方千米	
3. 中国海中面积最大的海是哪个海？		A. 渤海　　B. 黄海 C. 东海　　D. 南海	
4. 我国的大陆海岸线长度大约是多少？		A. 2万多千米 B. 18 000多千米 C. 15 000多千米	
5. 您认为海洋中蕴藏着哪些资源，带给人们哪些便利？（多选）		A. 海洋物种丰富 B. 石油、天然气储备量巨大 C. 海洋港口与航运资源的飞速发展 D. 海洋旅游资源丰富	
6. 您认为哪些行为是对海洋国土的破坏？（多选）		A. 工业污水、工程残土、垃圾的倾倒 B. 休渔期肆意捕捞 C. 海底矿产资源任意开采 D. 乘坐游轮，游览海上风光	

调查时间：　　　　　调查地点：　　　　　调查人：

2.根据活动的需要，制作宣传展板、撰写倡议书及演讲稿等。

以 海 明 德

"中国海美丽的海，她是我们无限的热爱。那里有勤劳的渔家，那里有无数的宝藏，那里的故事世代流传。"我们要拿出实际行动来，好好学习，练就本领，为建设海洋强国、守卫祖国的万里海疆贡献力量。